MILLIONS BILLIONS ZILLIONS
Defending Yourself in a World of
Too Many Numbers

プリンストン大学教授が教える

"数字に強くなる"レッスン14

著｜ブライアン・カーニハン

訳｜西田 美緒子

白揚社

メグとマークに

目次

Lesson 14　だまされないために ———— 215

本文中の〔　　〕は訳者による注です。

はじめに

「数字を深く理解すれば、本を読むときに単語を1つずつ読んでいないのと同じように、数字そのものを1つずつ読むことはなくなるだろう。数字の意味を読み取るようになる」
（W・E・B・デュボイス、社会学者、著述家、公民権運動家）

「数学者でなくても、数字に対する勘を養うことはできる」
（ジョン・ナッシュ、ノーベル賞を受賞した数学者）

「概して、人は数字を見たらもっと疑い深くなるほうがいい。データそのもので、遊んでみようという気になるべきだ」
（ネイト・シルバー、統計学者）

　私たちは数字に囲まれて生きている。コンピューターが猛烈な勢いで数字を生み出す一方、政治家や記者やブロガーが絶え間なく数字を伝える。私たちの目に四六時中飛び込んでくる広告の集中砲火だって、どこもかしこも数字だらけだ。実際のところ、ほとんどの人は（私も含めて）洪水のように押し寄せる数字になかなかついていけず、脳ミソが無視してしまう。せいぜい、数字が書いてあるのだから大切なものにちがいない、信

用できるはずだという、ボンヤリした印象を受けるくらいだろう。

　だが、まったく無視してしまうのは得策とは言えない。**こうした数字のほとんどは、私たちに何かを納得させようとしている**からだ。特定の方法で行動するように、どこかの政治家を信用するように、便利な道具を買うように、何かの食べものを手に入れるように、あるいは投資をしてはどうかと、数字は呼びかける。

　この本は、読者のみなさんが毎日目にしている数字を見極め、必要ならば自分独自の数字を生み出せるよう、お手伝いすることを目的としている。それは自分のためになる場合もあれば、相手の説得にのみ込まれないような対抗手段になる場合もある。耳にした内容に問題がある可能性に気づく力、やすやすと額面通りには受け取らないようになる力は、毎日の暮らしで欠かせないものだ。

　読者のみなさんが日ごろ目にする数字について、理にかなった疑問を抱き、論理的に考え、言っていることがホントかウソかを判断し、重要な決断をするために必要があれば自分で計算できるよう、この本でお手伝いしていきたい。全体としては、まず明らかに間違っているか、少なくとも間違っている可能性のある数字の例をあげ、それが間違いであると推定できるわけを示す。そしてそれよりも正しいと思われる数字を自分で計算できるよう手助けし、最後に一般的な教訓を引き出していく。

　きちんとした力を手にすれば、さまざまな方法で自衛できる。そのために第一に必要となるのは常識で、それに健全な疑いの気持ちと、基本的な事実と、いくつかの方法による論理的思考を加える。**大まかな算数の計算（概算）を気楽にできるようになれば大いに役立ち、簡単に概算できる近道もある（精密な計算が必要な問題など、ほとんどない）。**それについてはこれから話を進めていくなかで、折々に伝えていきたい。

　この本は、より多くの情報に基づいて判断したい人、言われたことを信じるかどうかを用心深く決めたい人のために書いたものだ。現代の世の中にはデマ情報や意図的に偽った数字があふれているから、誤りや真っ赤なウソ、ちょっとした不当表示や誇張を見抜きたいと思うなら、しっかり注意を払う必要がある。

　これは高度な理論を説明する本ではないし、「数学」の本でもない。「数学は大の苦手だった」という言葉を、これまでどれだけ耳にしてきただろうか。そう話す人は自分に厳しすぎるのだ。ほんとうのところは、**きちんと教わってこなかっただけ**で、しかも日常の暮らしで単純な計算を使う機会がほとんどなかったにすぎない。ここで必要になるのは小学校の算数のみで、小学5年生か6年生までの算数を知っていれば大丈夫。あとは、頭を使い、知っていることをフルに活かせばすむ。やってみれば、楽しいと思えてくることだろう。

Lesson 1
まずは肩慣らし

「いったい……何台の車があるっていうんだ⁉」
（またもや先の見えない渋滞に巻き込まれた著者）

　車の列が見渡すかぎり延々と連なり、ピタリと動きを止める
——先頭はまったく見えない——私はこうした大渋滞につかま
るたびに、上記の質問を幾度となく自分自身に投げかけてきた。
ここ数年のあいだ、米国でも、カナダでも、イギリスでも、フ
ランスでも、実にひどい目に遭っている。読者のみなさんもど
こかで同じ経験をしたことがあるにちがいない。
　では、車は実際に何台あるのだろうか？　これから走ろうと
している道路に、自分が住んでいる町に、あるいは国全体で、
車が何台あるのかを考えてみることにしよう。

図1.1　車は何台ある？

　ちょっと待った！　パソコンやスマホに手を伸ばすのはまだ
早い！　Siri（シリ）やAlexa（アレクサ）に質問するのもダ
メ。頼れるものはなーんにもない状況を想像してほしい。郊外
で渋滞に巻き込まれたのでスマホは圏外だ、飛行機に乗ってい
るからインターネットを使えない、あるいは自力で考えられる
かどうかを採用面接で試されている、そんな場面を想定しよう。

　ここでの課題は、何にも頼らずに、自分の頭でそれなりの答
えを導き出してみることだ。**言葉を変えるなら、「推定」。**推定
（estimate）の定義を辞書で調べると、名詞では「何かの値、量、

時間、大きさ、重さに関するおおよその判断や予測」、動詞では「価値、量、大きさ、重さなどに関するおおよその判断や意見を生み出すこと」とある。手はじめにすべきことは、まさにこれにちがいない。

まずは自分で考える

　具体的な例として、米国にある自動車の数を推定してみよう。その方法は、細かい点は異なるだろうが、世界中どこに行っても通用する。

　たいていの場合、下から上へと積み重ねていく方法が最も簡単だ。**自分が知っている、または経験のある、具体的なことからはじめて、それを一般的な状況へと広げていく。**私は私自身の経験からはじめることにしよう。私の家で暮らしている家族は全部で3人、そして1人1台ずつ車をもっている。そんなに単純な話なら——1人が1台の車をもっているとするなら——これで計算は終わりだ。米国の人口はおよそ3億3000万人だから、3億3000万台の車がある。多くの目的では、この推定で十分にこと足りる。

大まかな推定で十分

　今やった推定は、2つのことをもとに成り立っていることに

気づいてほしい。自分自身の個人的な経験と、1つの事実に関する知識（ここでは自分が暮らしている国のおおよその人口）だ。この本でこれから見ていくように、詳しい知識がなくても驚くほどうまく推定できるのだが、結局のところ、何かしらの知識は必要になる。

多くの知識があれば、よりよい推定ができる

　3億3000万台という数字は、おそらく大きすぎるだろう。車を所有していない人もたくさんいるからだ。18歳か20歳になる前の子ども、運転をやめた高齢者、そしてもちろん駐車料金が高くて公共交通機関が充実している大都会の住民など。一方、1人で2台以上の車を所有している人もいるが、それはずっと少なそうだ。

　こうした要因を考慮に入れると、3億3000万台という推定にもう少し手を加えることができる。アメリカの人口の半数以上、おそらく全体の3分の2か4分の3が車を所有していると考えれば、推定の結果は2億台から2億5000万台と、もっと正確なものになる。

必要なら推定の正確さを高める

「必要なら」の部分を忘れないでほしい。**ほとんどの場合はお**

およその答えで十分だし、そもそも正確さを高められるような
情報がまったく手に入らないこともある。これからそうした例
をたくさん見ていき、Lesson 13 ではいくつかのアドバイスと
練習の機会を提供しようと思っている。

　また、わかるはずの範囲を超えた知識や正確すぎる内容を主
張している例も見ていく。**何か疑わしいことが潜んでいるかも
しれない**。誰かが主張している値をそのまま受け入れる前に、
自分独自の推定をすれば、そんな状況にも注意を払えるだろう。

　ここまでしてからパソコンやスマホを利用すれば、自らの推
定を別の情報源と比較することができる。たとえばウィキペデ
ィアには、「2015 年に米国で登録されている乗用車の数は推計
で 2 億 6360 万台」とある。また、グーグル検索で最初にヒッ
トするのはロサンゼルス・タイムズ紙の記事で、そこには 2 億
5300 万台と書かれている。私たちの推定はこれらの数字にと
ても近く、なんとも心強い。

それぞれの推定がよく似ている必要がある

　意見の一致は――全員が同じ間違いをしている場合を除いて
――よい兆候だ。だが別々にやった 2 つの推定結果が大きく異
なっているなら、何かがうまくいっておらず、**推定のうちの少
なくとも 1 つは間違っている**。

　こうして自動車の台数についておおよその値を得られたとこ

ろで、それに関連した質問を考えてみよう。たとえば、標準的な自動車は1年間にどれくらいの距離を走るのか。何年くらい使えるのか。1年に何台の自動車が売られているのか。自動車の年間維持費はいくらか。

　まず、1台の自動車は1年間にどれくらいの距離を走るのだろうか？　前と同じように、自分自身の個人的な経験や観察からはじめる方法が役に立つ。たとえば、自分や家族が自動車通勤をしていて、片道20マイル走るとしよう。1週間では200マイルになり、年間50週でおよそ1万マイルの計算だ。この場合も、人によってさまざまなバラツキが考えられる。通勤距離がもっと長い人もいれば、もっと短い人もいるだろう。通勤には車ではなく、バスや電車を利用する人もいる。1週間に5日働かない週もあれば長期の旅行休暇に出かけることもある……こうして推定の結果をある程度変えるような要因は無数にあるわけだが、**それらの影響の多くは平均化されてしまう**はずだ。

大きすぎる値、小さすぎる値は平均化されることが多い

　私が加入している自動車保険の証券には、自家用車1台の保険料は1日あたり平均27マイルの走行を基準にしている、と記載されている。ひと目見ただけでは中途半端な数字だが、27を365倍すると9855で、1万に近い。これは偶然の一致ではないだろう。保険会社は、年間走行距離として1万マイルが妥当

だと知っているのだ。

　では、1台の自動車を何年使えるだろう？　私はこれまでにけっこうな数の車を所有し、どれも（けっして大げさでなく）バラバラになる寸前まで使うことが多かった。最後の1台は17年にわたって乗り続け、積算距離は18万マイルにのぼった。私は標準的な人より長く手放さないほうだと思うから、切りのいいところで、10年間、10万マイルとしてみよう。ただしこれはまったく大ざっぱな推定だ。たとえば2、3年ごとに新車をリースする人はどうだろう？　それでも、そういう人が新車に乗りかえると、それまでのものは中古車として誰かほかの人の手に渡り、標準的な耐用年限になるまでそれが繰り返されるはずだ。ここまでのところ10年は妥当だと言える。

　次は、1年間に新車が売れる台数だ。全部で2億5000万台の自動車が走り、1台が10年間使われるとすれば、10分の1にあたる約2500万台が毎年買い替えられることになる。もしも1台が15年間使われるなら、1600万台か1700万台が買い替えられるわけだ。

　これは一種の「保存則」の例になる。耐用年限が終わった車は、通常、新車に買い替えられる。もちろんそれは常に一定数が保たれると仮定した場合で、人口の増加や景気の変動があればそうはいかないが、スタート地点としては妥当な仮定だろう。保存則についてはLesson 7でもっと詳しく説明する。

保存則：加わった分だけ、必ず出ていく

　自動車を所有するのにかかる費用はどうか。練習として、1マイル走るのにいくらかかるかを推定してみよう。それにはガソリン代などの変動費、自動車保険などの固定費、修理代のような予測できない費用、そして古い車が動かなくなったとき新しい車を購入するために必要な費用が含まれる。

　さて、**これまでやってきた推定ではすべて、割り算と掛け算より複雑な計算は使わなかった**ことにお気づきだろうか。そして数字を容赦なくおおよその数に丸め、計算を簡単にしてきた。

掛け算、割り算、大まかな計算（概算）ができれば十分

　このことは、この本の最後まで変わらない――「数学」など**使わず、実に気楽に小学校の算数を続けていく**。Lesson 12では算数の計算について話を広げ、計算をもっと楽にする近道や経験則にも目を向ける。

　この章ではおもに車を題材に使ってきたが、車にはあまり興味がない読者もいるかもしれない。だが車に興味がなくても大丈夫。これからの章では、不十分な情報を用いて何かを推定しなければならないどんな状況でも使えるような、手順とテクニ

ックを紹介していく。ほとんどの場合、調べさえすれば数字は見つかるのだが、検索エンジンに頼る前に自分の力で推定をしてみるほうがずっとためになる。たいした時間はかからないし、すぐに推定が得意になるはずだ。練習すれば、**生涯にわたって周囲の人から言われることに用心深くなるという武器を手にできる！**　何かの数字について前もって考えをめぐらし、簡単な計算をすませておけば、相手にだまされる確率はぐんと下がるだろう。

●単位について

　著者の私がたまたま住んでいる場所のせいで、この本で取り上げる例はほとんどが米国内のものになる。世界中どこに行っても同じような話はあるから、それについてはあまり心配していない。

　だが気になる点が1つ。それは多くの例で使われている単位——長さ、重さ、容量——がヤード・ポンド法で表記されていることだ。米国はメートル法を採用していないほんのわずかな国の1つで、長さや重さのほとんどにまだヤード・ポンド法の単位を用いている。フィート、ポンド、ガロンなどの単位に慣れていない読者のみなさんは、見慣れない単位をややこしく感じることがあるかもしれない。できるかぎりわかりにくさを排除するよう努めたつもりだが、単位の取り違えが話の論点にな

っていることも多い。

　そこで、この本に登場する最も一般的なヤード・ポンド法の単位について、メートル法とのおおよその換算表を用意した。

　1 インチ = 2.54 センチメートル
　1 センチメートル = 0.3937 インチ

　1 フィート = 12 インチ = 30.48 センチメートル
　1 メートル = 3.28 フィート = 39.37 インチ

　1 ヤード = 3 フィート = 0.9144 メートル
　1 メートル = 1.09 ヤード

　1 マイル = 5280 フィート = 1609 メートル
　1 キロメートル = 0.62 マイル = 3281 フィート

　1 オンス = 28.3 グラム
　1 グラム = 0.035 オンス

　1 ポンド = 16 オンス = 453.6 グラム
　1 キログラム = 2.204 ポンド

　1 米トン = 2000 ポンド = 907.2 キログラム

1 トン = 1000 キログラム = 2204 ポンド

1 米パイント = 16 液量オンス = 0.47 リットル
1 リットル = 2.11 米パイント

1 ガロン = 4 クオート = 8 パイント = 3.79 リットル
1 リットル = 0.26 ガロン = 1.06 クオート

1 エイカー = 0.405 ヘクタール
1 ヘクタール = 2.47 エイカー

1 平方マイル = 640 エイカー
1 ヘクタール = 0.0039 平方マイル

華氏（℉）の 1 度 = 摂氏（℃）の 5/9 度
摂氏の 1 度 = 華氏の 1.8 度

　この表を注意深く見ると、おおよその換算ができるものがいくつかある。

1 メートル ≒ 1 ヤード
1 キログラム ≒ 2 ポンド
1 リットル ≒ 1 クオート

摂氏の1度 ≒ 華氏の2度（1℃ ≒ 2°F）

　これらはすべて、正確な値との差が10パーセント以内に収まっている。もっと正確な値が必要なら、次のように調整係数を加えよう。

　1メートル ≒ 1ヤード＋10パーセント
　1キログラム ≒ 2ポンド＋10パーセント
　1リットル ≒ 1クオート＋5パーセント
　摂氏の1度 ≒ 華氏の2度－10パーセント

　調整を加えた結果はすべて、正確な値との差が約1パーセント以内になった。推定に用いるにはほとんどの場合これで十分だ。

Lesson 2
ミリオン（100万）、
ビリオン（10億）、
ジリオン（何兆億……）

「ブッシュ政権は660ビリオン（6600億）バレルの戦略的石油備蓄を利用すれば、石油の価格を引き下げられるかもしれない」
（ニューズウィーク誌、2004年5月24日）

だいぶ前になるが、ガソリン価格が高騰したとき（それでも1ガロンあたり2ドルをだいぶ下回っていたが）、ニューズウィーク誌はガソリンの消費者価格が下がるように供給量を増やすことを提言した。米国は非常時に備え、テキサス州とルイジアナ州のメキシコ湾沿岸にある地下岩塩ドームに大量の石油を備蓄している。その一部を市場に出せば供給量が増え、ガソリンの価格が下がるだろうという考えだ。

　記事には備蓄の規模だけでなく、もう1つ、次のような役立つ事実も記載されていた。「平均的な自動車は年間550ガロンを消費する」。そこで、一般消費者の需要を満たすためだけにこの「戦略的石油備蓄」を用いたなら、蓄えはどれだけ長もちするかという疑問が浮かぶ。できれば少し時間をとって、まずは自分で計算してみてほしい。最初に年間550ガロンを、もうちょっと**身近で想像しやすい値に変える**ことにしよう。550を360で割ると、1日あたり約1ガロン半になる。

2.1　どのくらい長もちする？

　石油の蓄えがどれだけ長もちするかを求めるには、車が何台あって、1バレルはどれだけの量なのかを知る必要がある。

　まず、車は何台？　Lesson1で取り上げた例で、2億台から2億5000万台あることがわかった。**今のところはその数字で十分**だ。もっと詳しくわかれば、あとから手直しすることもできる。

　では、1バレル（バレルは樽という意味の語でもある）はどれだけの量なのか？　こちらのほうが難問だが、工事現場や廃棄物の集積場に置かれた55ガロンのドラム缶、あるいはパーティー会場やレストランの奥でときどき見かけるビールの樽を思い浮かべれば、情報に基づいた推測をできるだろう。正確なところはわからないから、1バレルを55ガロンと仮定しておき、

必要があればあとから戻って調整すればいい。

　1バレルを55ガロンと仮定する理由の1つに、計算が簡単になるという点がある。1台の車が1年に550ガロン使い、1バレルが55ガロンなら、1台の車が1年に使うのは10バレルだ。2億5000万台に1台あたりの10バレルを掛けると、1年で合計25億バレルになる。車の数も1バレルの量も推定だから、**この計算はだいぶ大ざっぱではあるが、現実と何桁もの大きな隔たりがあるとは思えない。**

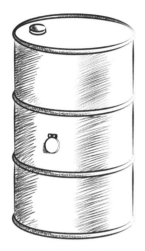

図2.1　1バレルって？

　ニューズウィーク誌の記事によれば備蓄量は6600億バレルで、計算で得られた1年間の合計消費量は25億バレル。6600を25で割ると結果は264。なんと、石油の備蓄は260年以上も長もちする！　それならなぜ、石油の心配などしているのだろうか。戦争と政治によって石油の生産が妨げられる世界の紛争地域など、無視してもいいように思える——米国はすでにこれほどの量の石油を手にしているのだから、そうした地域とはもう縁を切ると宣言できるはずだ。

　何かがおかしい。

2.2 果たしてこの推定は正しいのか

　もし今、私が何人かのグループを前にしてこの話をしている
なら——たとえば講義中であれば——ここで誰かが反対意見を
差しはさむだろう。自動車の台数の推定にトラックやバスが含
まれていないから少なすぎるし、トラックもバスもガソリンを
たくさん消費する。あるいは、この推定では人口の増加を考え
に入れていない。そのほかにも、1バレルは私の見積もりより
少ないのではないか、備蓄されている原油を精製すると100パ
ーセントがガソリンになるわけではない、石油には自動車以外
の用途もある、など。

　これらはすべて完璧に妥当な意見だと言える。だがもし私の
推定が間違っていて、2倍、3倍、もっと大きく10倍の誤差が
あったとしても、結論に変わりはない——この国には大量の石
油が備蓄されていて、とても長もちする。これは**多少の調整を
加えたくらいで修正できる話ではなく、何かが「根本的に」間
違っている**のだ。いったいどうなっているのだろうか？

　その答えは2週間後に明らかになった。ニューズウィーク誌
に次のような訂正記事が掲載されたからだ。「……前の記事で、
戦略的石油備蓄の量を660ビリオン（6600億）バレルと書き
ましたが、実際には660ミリオン（6億6000万）バレルでし
た」つまり、ニューズウィーク誌が**ミリオンとビリオンを書き
間違えたことによって、1000倍の誤差が生じた**のだ。それは

大きな違いだった。

　ここまでにビリオン（10億）でやってきた計算をミリオン（100万）でやり直すこともできるが、その必要はない。もう仕事は終わっている。250年を1000で割ればいいわけで、答えは0.25年。備蓄はたったの3カ月しかもたない！　備蓄に手をつけてもガソリンの価格をせいぜい一時だけ下げるくらいの効果しかないまま、あっという間に蓄えは底をつくだろう。この国が石油について心配するのは当然で、大統領がこの提言を無視したのは賢明だった。

　余談になるが、備蓄を利用するという考えは折に触れて再浮上する。オバマ大統領は2011年にこの方法を検討した。3月7日にニュースサイトの「ビジネスインサイダー」が、「ホワイトハウスは800ビリオン（8000億）ガロンの石油備蓄に言及して原油価格を引き下げようとしているようだ」と書いている。同じ記事の中で、それもごく短い文章のたった5段落あとに、同じ備蓄が727ミリオン（7億2700万）バレル（こちらが正しい値）と書かれているから、この記事は大急ぎでつなぎ合わせて書いたもので、きちんと推敲されていないことがわかる。

　驚くことに、ミリオンとビリオンは頻繁に混同される。なぜ驚くかと言えば、ビリオンはミリオンの1000倍もあるから、つまり誤差が1000倍にもなるからだ。その差がどれだけ大きいものか、わかりやすく説明してみよう。たとえば、自分のポケットには今100ドル〔あるいは1万円〕あると思っている状

態を考える。それが1000倍の誤差で小さすぎる値だとすれば、実際には10万ドル〔1000万円〕あることになり、超高級車を買えるほど、場所によっては小さなマンションの1室さえ買えるほどの金額だ。逆に1000倍の誤差で大きすぎるなら、実際のポケットの中身はたったの10セント〔10円〕。買えるものはほとんどないだろう。

ニューズウィーク誌のこの記事は、それほど特殊な例ではない。信頼のおける責任あるニュースソースが、何か大きい数字について記事を書く。するとほかのメディアがその記事に反応したり、その内容を伝えたりするかもしれない。私たち読者の大半はそれをなんとなく聞き流し、誰かが何かをすべきだという漠然とした気持ちを抱くぐらいで、あとは忘れてしまう。でも、たった今見てきたように、**ごく一般的な知識と大まかな値、そして小学校の算数をちょっとだけ使えば、記事に潜む実に大きな間違いを見つけることができる**。

私たちの目に毎日飛び込んでくる数字のうち、同じように1000倍も大きすぎたり小さすぎたりして人を惑わせているものが、いったいいくつあるのだろうか。信頼性の低い、利害関係と無縁とは言えない発信源は、情報の提供ではなく商品や考えを売り込むことを目的として、どれだけの誤った数字をばらまいているのだろうか。

ここまでで、どのようにして誤りを見つけたかを振り返ってみよう。もちろん第一歩は、**ゆっくり立ち止まってよく考える**

ことだった。次に、**必要となった2つの値について、大ざっぱ
だが正しいと判断できる数字**を求めた。それから**いくつかの単
純な計算**をし、とうてい正しいとは思えない結論に達した。推
定と計算がどれだけ大まかなものであっても、1000倍もの違
いが生じることはあり得ない。それならば、もとになった記事
の数字に誤りがあったにちがいない。

　この本ではこれからも同じパターンに沿って、**問題がある可
能性を見つける方法、妥当な推定をする方法、簡単に概算する
方法、結果から論理的にさかのぼって正しいか誤りかを見極め
る方法**を探っていく。

2.3　単位を確認する

　私がごく一般的な領域で数字にだまされない方法について考
えはじめたころ、石油の価格が急騰していた。価格がぐんぐん
上がったかと思うと次に少し下がり、また上がるという繰り返
しで、その状態はいよいよ化石燃料に頼れなくなるという瀬戸
際まで続きそうな気配だった。今日ではエネルギーは重要な話
題で、おそらく今後も長くそのままだろう。価格や環境問題な
どについて大きい数字を用いて意見を主張するニュース記事が
尽きることはない。

　そこに2つの単位が加わると、間違いが起きやすくなる。と
くに、**一方の単位が日常生活では見慣れないものの場合は要注**

意だ。たとえばニューヨーク・タイムズ紙は、2006年4月26日の社説に「戦略的石油備蓄の容量は727ミリオン（7億2700万）ガロン」と書いたが、10月3日にはその単位をバレルに訂正した。この備蓄量は、ニューズウィーク誌が書いていた値より10パーセント多い。米エネルギー省のオフィシャルウェブサイトには、700ミリオン（ビリオンではない！）バレルより少し多いと記載されている。これらの値は異なる時期の異なる情報源から見つけたものだが、どれもとても近い。このように**一貫性があるのは、よい兆候**だ。

　1バレルとはどれくらいの量だろう。石油の1バレルは、よく見かける55ガロンのドラム缶より少ないことがわかる。ニューヨーク・タイムズ紙は2010年6月9日に、メキシコ湾原油流出事故に関する記事を訂正して、「1バレルは4万2000ガロンではなく、42ガロンです」と書いた（ここにもまた、あの1000倍の間違いが登場している）。私たちは最初に石油の1バレルを55ガロンと見積もったから、あのときの推定値は間違っていたわけだが、違いは25から30パーセントだけだから（42/55は0.76、55/42は1.31）、それほど大きな問題ではない。とくに、**ほかの数字も正確にわかっていない場合は重大に考える必要はない。**

　上記のメキシコ湾原油流出事故は、2010年4月に石油掘削施設「ディープウォーター・ホライズン」が爆発炎上し、水没したことによって引き起こされた。原油の流出は3カ月にわた

って続き、それからようやく事態が収拾されたわけだが、その
あいだひっきりなしに多くの数字が発表された。一部は誤った
数字で、中には重大な誤解を招くものもあった。

　掘削施設の管理者やさまざまな政府機関が原油の流出量を正
確に判断できないだけでも十分にひどかったが、単位の誤りや
何倍もの差がある数字の報道が事態をさらに悪化させた。たと
えばニューヨーク・タイムズ紙は 2010 年 5 月に、石油掘削施
設には 75 万バレルのディーゼル燃料があったと報道したが、
すぐバレルをガロンに訂正している。

　石油はもともとニュースの常連だ。2008 年 1 月 4 日のニュー
アーク・スターレジャー紙には、「世界の石油生産量を示した
昨日の地図で、1 日あたりの原油くみ上げ量に誤記がありまし
た。リストに掲載された各国のくみ上げ量の単位はビリオン・
バレルではなくミリオン・バレルです」という記事が掲載され
ている。

　またニューヨーク・タイムズ紙は 2008 年 3 月に、アメリカ
人は 2007 年に 3.395 ビリオン（33 億 9500 万）ガロンのガソリ
ンを消費したと書いた。米国の人口は 3 億人を超えているから、
アメリカ人 1 人が 1 年間に 10 ガロンを消費した計算になる。
これでは明らかに少なすぎる。車のガソリンを 1 回満タンにし
ただけで、1 人分の年間消費量を超えてしまう !?　ガロンをバ
レルに置き換えてみると、1 人が 1 年間におよそ 10 バレルを消
費することになり、すでに見てきた数字とほぼ一致する。この

ような結果の一貫性は、確認の方法として役立つものだ。**さまざまな情報発信源で見つかる数字と自分でやってみた計算の結果がほぼ同じならば、大幅に異なる場合より、正しい可能性が高くなる。**

　同じ年の後半になると、キューバ沖合の石油埋蔵量は「20ミリオン（2000万）バレル」だとする報道があったが、それではあまりにも少なすぎる。実際は20ビリオン（200億）バレルにちがいないと記載ミスを（正しく）疑った人がいたはずだ。

　2008年4月、ニューヨーク・タイムズ紙はメキシコの前年の石油生産量が減少して1日あたり約3.1ビリオン（31億）バレルになったことを伝えた。地球の全人口が70億人強であることを考えると、毎日1人あたり約1/2バレルの石油が、それもメキシコだけで生産されていることになる！　これが事実なら簡単には使いきれないほどの量だ。案の定、まもなく訂正のお知らせがあり、ビリオンはミリオンに置き換えられた。ガロンとバレル（42倍）も、ミリオンとビリオン（1000倍）も、たびたび取り違えて使われている。

　このような間違いを、どうすれば見つけられるようになるかを整理してみよう。**関連する事実をいくつか知っていると役に立つ。**第一に、すでに見てきたとおり、米国にはおよそ2億5000万台の車がある。第二に、この国では自動車1台が1年間に平均およそ1万マイル走る。自動車は1ガロンのガソリンで

およそ20マイル走れるので、1台は1年間におよそ500ガロンを消費する。500ガロンは10バレルを少し超える量だ。こうした数字を2つくらい知っていれば、ほかの数字は推定で得ることができる。たとえば、1年間に1万マイルは妥当な数字かどうかを考えよう。Lesson 1で見たように、1週間に5日ずつ、1日に片道20マイル運転するなら、1週間では200マイル、1年の約50週で1万マイルになる。もちろん世界の他の地域では細かい部分が異なるだろう。たとえばヨーロッパでは、ガソリンの値段がアメリカより高く、目的地までの距離は短く、公共交通機関も充実している。

　話を混乱させるもう1つの要因として、時間の単位の混同をあげることができる。ニューアーク・スターレジャー紙は2007年2月12日に、次のような訂正文を書いている。「昨日の代替燃料に関する社説で、米国での自動車用燃料の使用量は今後10年間で1日あたり1700億ガロン増えると述べましたが、1年あたり1700億ガロンの誤りでした」

　信頼性の高い報道機関は事実を正しく伝えようと努力しており、誤った記載があればはっきり訂正するのを忘れない点は、ほんとうに称賛に値する。たとえば、2010年5月にウォール・ストリート・ジャーナル紙は次のような訂正を発表した。「ユーロ圏は昨年、1日あたり1050万バレルの石油を消費しました。5月21日付の『ハード・オン・ザ・ストリート』欄に掲載したヨーロッパの物価問題の影響に関する記事では、ユーロ圏が

昨年1050万バレルを消費したと誤って書いていました」。1日
あたりと1年あたりを混同すると、365倍の誤差が生じる。

2.4　まとめ

　この章で取り上げた例を振り返ってみれば、数字を示した主
張を論理的にとらえるための方法がわかる。

　第一に、**いくつかの事実を知っておくことが大切**だ——世界
の各地で何人の人々が暮らしているか、日ごろ使っているもの
の大きさや重さはどれくらいか、さまざまなことが起きる頻度
は、など。ここでは現実世界での経験が大いに役立ち、経験を
積めば積むほど、必要に応じて関連する事実が頭に浮かぶよう
になる。インターネットはたしかに役に立つが、いつでも利用
できるとはかぎらないし、利用できるとしても正確な情報を伝
えているとはかぎらない。

　第二に、**詳しい計算は必要ない**。おおよその数字と概算でこ
と足りる。根本的な間違いが1000倍あれば、石油の1バレル
が55ガロンか50ガロンか、あるいは42ガロンかといった違
いなどではほとんど差は出ない。**端数を切り捨て、簡単な計算
ができるように5や10の倍数にし、計算では全体として近道
を選んでもまったく問題ない**。実際には、1つの概算値や推定
値が大きすぎても、別の概算値や推定値は小さいこともあるか
ら、結果は自然に理にかなった方向に向かう。

　第三に、**結果から論理的にさかのぼって、仮定したことや用いたデータをたどる**ことができる。もし、ある数字が正しいとされていたら──たとえば250年分の石油備蓄があると書いてあったら──それは何を意味しているかを考えよう。まったく無意味だったり、絶対にあり得ないものだったりするなら、どこかに間違いが潜んでいるのは確実だ。引き返して誤りを見つけ出すことができる。

　第四に、**別々の計算結果や情報源に、一貫性があるかどうかを確かめる**ことができる。いくつかの異なる方法で値を導けるなら、それぞれの方法で得た値がある程度一致していなければならない。大きく異なっているなら、何かが間違っている。この章では、異なった方法で求めた米国での自動車の1年間の平均走行距離が、いずれもおよそ1万マイルであることを確かめた。もし、1つの計算では平均走行距離が1000マイル、別の計算では10万マイルだとしたら、両方とも間違っていることはないとしても、少なくともどちらかは間違っている。

　最後に、この点が最も大切なのだが、**私たちは自分の頭を使うことができる**。目にした数字を額面通りに受け取って、よく考えもせずに右から左へとやり過ごすのではなく、それは筋が通った値なのか、それとも当てにできないかを、頭を使って考えることができるのだ。少しだけ練習をすればどんどん簡単になる。そして最後には自信をもって独自の推定をし、新聞、テレビ、広告、政治家、政府機関、ブロガー、さまざまなウェブ

サイトから投げかけられる数字を、**自分自身で見極められる**ようになるだろう。

Lesson 3
大きい数字に強くなる

「ジリオン：非常に大きい数字をあらわす一般的な語。この語に明確な数学的意味はない」
（Wolfram.com）

　ミリオン（100万）、ビリオン（10億）、トリリオン（1兆）といった語を目にしても、ほとんどの人は（私も含め）それが意味する大きさを直感的に把握できない。ただ「大きい」、「すごく大きい」、「ものすごく大きい」の同義語として扱いがちだ。私は長年にわたって新聞や雑誌の記事に目を光らせ、これらの語が誤って用いられている例——必要とされている語ではなく、別のものを使ってしまった例——を、何百となく集めてきた。オンラインで「ビリオン（10億）ではなくミリオン（100万）

(millions, not billions)」というような表現を検索すれば、きっと誰でもこの種の訂正文を山ほど見つけることができる。おそらく、訂正されないまま誰にも気づかれずに放置されている例はもっと多いだろう。

　これらの「大きい数字」をあらわす語は、ビジネスや金融（大金）、政府（多額の予算、多額の損失）、政治（大げさな約束）、社会問題（膨大な人口、大きな問題）に関連してよく使われる傾向がある。この章ではいくつかの例を取り上げながら、大きい数字の語を小さく切り下げ、そこに何らかの意味をもたらす方法について話していこうと思う。

3.1　「数字に鈍感」な人たち

　2008年9月、米国での金融危機が最高潮に達していたころ（もっと正確に言うなら、どん底に沈んでいたころ）、Ｔ・Ｊ・バーケンマイヤーという名のブロガーが興味深いアイデアを伝える記事を投稿した。それは彼が「バークの景気回復計画」と呼んだもので、ここにそっくりそのまま引用してみよう。

　「私はAIGへの85,000,000,000.00ドル緊急融資に反対だ。その代わりに、アメリカの『分配金受け取りの資格をもつ者全員』に、85,000,000,000ドル分配することに賛成する。計算を単純にするために、米国に18歳以上の正規の市民が

200,000,000 人いると仮定しよう。すべての男性、女性、子どもを含めたわが国の人口はおよそ301,000,000 人だから、18 歳以上の成人を 200,000,000 人とするのは正当な試算だろう。85 ビリオン（850 億）ドルを 18 歳以上の成人 200 ミリオン（2 億）人で分けるなら、1 人 425,000.00 ドルになる」

バーケンマイヤーの計画は、信用機関としての義務を完全に放棄した金融機関に対して万人平等主義的に憤ったたくさんの人たちの共感を呼び、この投稿は瞬く間に拡散していった。典型的な反応の例は、次のようなコメントだ（これも、そっくり書き写した）。

「偉大なる常識をもつ一般市民のおかげで、ときには国会議員や経済学者がまだ小学 1 年生みたいに見えてしまうことがある。これがそのいい例だ！」

「この計画、大いに気に入った！」

「おもしろいアイデアですね。もちろん、政治家たちはこんなに論理的なことなど、何もやらないでしょうが」

「完璧な解決策だ。妥当だとは思わないか？」

「明日、その若者に1票入れる！」

「当然だ！　ごくあたり前の話に思えるよ！」

「すばらしい考えだ!!　このバークって人が誰だかは知らないが、私ならこの人を大統領に選ぶね」

それとは別に、自分なりの計算に基づいて、少し違った評価を下した読者もいた。

「この話がうまくいかないほんとうの理由は、単純な計算ミスにある。85ビリオン（850億）を200ミリオン（2億）で割れば、答えは4250だ」

「この計画を書いた人は、とにかく計算機を買う必要があるね……1人あたり4万2500ドルにもならない……成人1人4万2500ドルを200ミリオン（2億）人に配れば、8.5トリリオン（8兆5000億）ドルにもなってしまうから」

投稿をじっくり読み、計算も正しくできたコメントは、ほんのひと握りだった。

「あーあ、ちゃんと計算しなくちゃ。結果はわずか425.00ド

ルだ。あきらめてタバコか何か好きなものを吸うしかない
よ」

バーケンマイヤー本人は、次のように事情を明らかにしてい
る。これは実験にすぎず、見事にその目的を果たしたというわ
けだ。

「ぼくは、いったい何人の人が実際に自分で計算してみるか、
確かめたかっただけなんだ。だから、友人のうちランダムに
100人を選んでメッセージを送った。ぼくがわざとやった3
桁の間違いに、何人の仲間が気づくかを知りたいと思ったん
だよ……たった3つのゼロの間違いにね。自分で実際に計算
をやってみて、その結果をぼくに知らせてくれた人は、これ
までに2人しかいない。（……）

ぼくの言いたいことがわかるかな？　ぼくらはみんな、数字
に鈍感だということ。自分で計算をする人はほとんどいない
し、とても頭の切れる人たちでさえ、ほとんど計算をしてい
ないということだ」

**「数字に鈍感」という言葉は、多くの人々の問題点をうまく言
いあらわしている**——見極めが必要な数字があまりにも多いた
めに、きちんと考えるのをやめてしまい、無視したり、よく考

えもせずに額面通りに受け取ったりしているのだ。時間の余裕と計算する意欲があっても、今度は計算違いによって問題が大きくなることもある。

あまり大きい数字になると直感的に意味を把握できなくなるので、もっと**小さい数字に切り詰め、うまく理解できそうな範囲に収める必要がある。**

3.2　1人あたりの数字に置き換える

国債や企業買収費用のように桁数の大きい数字を、人間的な、身近な大きさになるまで縮小する方法の1つとして、1人あたり、または1家族あたりに換算することが考えられる。たとえば2010年10月24日にはニューヨーク・タイムズ紙の社説に、「年間財政赤字額は1.3ビリオン（13億）ドル」と書かれていた。ビリオンをミリオンに変換すると、1.3ビリオン・ドルは1300ミリオン・ドルだ。当時のアメリカの人口が300ミリオン（3億）だったとすると、アメリカ国民1人あたりの赤字額は、1300割る300で、およそ4ドル、もちろん私自身も例外ではない。

それなら、この赤字を減らすための、いや赤字を一掃できるような計画を、1つどころか2つ提案できる。まず、国民全員が「おしゃれなコーヒータイムなしの日」を1日だけ設ける方法はどうだ。ちょっと贅沢なコーヒーとマフィンを楽しむのを

やめて、1人4ドルずつをワシントンに送ることにしよう。ほとんど痛みのない最小限の犠牲を払うだけで、それもたったの1日で、赤字は解消してしまう。

　さもなければ、公共心いっぱいの億万長者を見つける方法もある。金融危機をうまいこと切り抜けた銀行家やヘッジファンド運用会社のトップなら、1人で財政赤字分の全額をポンと出してくれるかもしれない。

　私の計画のどこがおかしいのだろうか？　この状況には、**「自分自身にとって個人的に、どんな意味があるのか」**という考え方を当てはめられる。浮上した4ドルという数字も、わずかな金額だから個人の手に負える範囲だ。でも、どうしても筋が通らない——財政赤字をそんなに簡単に解消できるのなら、もうとっくに解消しているはずなのだから——何かが間違っている。そう、この場合はもちろんビリオン（10億）ではなくトリリオン（1兆）が正しい表記だった。実際の財政赤字は1.3トリリオン（1兆3000億）ドル、1人あたり4000ドルで、1人1人が強制されないのにワシントンに送るとはとうてい思えない金額だ。

　別の例も見てみよう。米国の国家予算は3.9トリリオン（3兆9000億）ドル（2016年時点でおよそこの金額）、人口は300ミリオン（3億）人だから、予算は1人につき3.9トリリオン/300ミリオン・ドルだ。単位が同じなら計算が簡単になるので、トリリオンをミリオンに換算することからはじめよう。3.9ト

リリオン・ドルは 3,900,000 ミリオン・ドルに等しい。それを 300 ミリオン人という人口で割れば、1 人あたり 1 万 3000 ドル。典型的な 4 人家族の家庭なら、一家につき 5 万 2000 ドルという計算になる。

　自分がこれだけの金額を負担していると想像できるだろうか？　ある意味、所得税や法人税などを通して、みんながこれだけ負担している。もちろん人によって負担額は大きく異なるのだが、少なくとも平均としては妥当な金額で、よい兆候だ。

　もちろんこうした計算をしたいなら、関係する人数についてある程度は知っている必要がある。**さまざまな地域の人口を、おおよその数でいいので覚えておくと役立つ理由の 1 つはここにある**——世界の人口（2017 年で約 75 億人）、自分の国の人口（中国なら 14 億人、EU なら 7 億 5000 万人、カナダなら 3600 万人、〔日本は 2019 年末で 1 億 2600 万人〕）、自分が暮らす州や県の人口（たとえば、カリフォルニア州は 4000 万人、オンタリオ州は 1400 万人）、そして自分が暮らす町や市の人口だ（プリンストンは 3 万人、ボルダーは 10 万人、サンフランシスコは 80 万人、ロンドンは 900 万人、北京は 2200 万人）。もちろん、常に変化する人口のおおよその数にすぎないが、少なくとも数年前から数年後の範囲で、予算、赤字額、税金などに占める自分の負担額を判断するには十分だ。

　2007 年 8 月のニューヨーク・タイムズ紙に、アメリカ国民の 2000 年から 2005 年までの平均年間所得は 7.43 ビリオン（74

億3000万）ドルとする記事が掲載された。この話は筋が通っているだろうか？　もしそうならば、1世帯あたりの平均年収は、約7ビリオン（70億）ドルを概算の100ミリオン（1億）世帯で割って、およそ70ドルということになる。どんなに景気が悪い時期を考えたって、明らかに意味のない数字だ。実際の数字は7.43トリリオン（7兆4300万）ドルだったにちがいない。1000倍してやれば1世帯の平均年収は7万ドルになり、高く感じられはするが、おそらく2倍以内に収まっている（世帯収入のようにバラツキの範囲が大きい値の特性を描写するには、このような算術平均は最適とは言えない。その理由についてはLesson 9で説明する）。

　もちろん世界で財政問題に直面している国は米国だけではなく、EUは経済問題を抱えるいくつかの国を救済する必要があった。そこで、同じように財政にまつわる大きい数字で、大きい間違いが起きている。2010年5月25日のニューヨーク・タイムズ紙には、そうした救済措置の総額は「750ミリオン（7億5000万）ユーロではなく、750ビリオン（7500億）ユーロでした」という訂正記事が掲載された。EUの人口はおよそ750ミリオン（7億5000万）人だ。救済措置の実施がほんとうに1人1ユーロの負担ですむなら、合意に難航することはなかったにちがいない。

　最後の例として、私が最近見たウェブサイトの記事をあげよう。そこには「アメリカ人は慢性疾患の治療に年間1.7ビリオ

ン（17億）ドルを費やしている」とあった。慢性疾患に関連する国民1人あたりの負担は、約5ドルということらしいが、そうだろうか？　医療費のうち慢性疾患の治療に必要とされる割合はほとんどの国で大きく、たしかに米国でも、どうやって医療費を捻出すべきかについて激しいイデオロギー的な議論が続いている。その費用が1年で1人あたりたった5ドルか10ドルなら、議論に決着をつけるのはもっと簡単なはずだ。残念ながら、治療に費やしている金額は1.7ビリオン（17億）ドルではなく、1.7トリリオン（1兆7000億）ドルが正しい。1人あたりの負担が年間5000ドルから1万ドルとなれば議論が激しくなるのもうなずけるし、おおよそであっても年間所得額や年間税額に関係しているのがわかる。

3.3　巨額資金の考え方

　金融業界には大きい数字があふれかえっている。企業は1年に何十億ドルもの商品とサービスを販売しているし、企業自体も何十億ドルという金額で売り買いされている。地位が高い人たちはとても裕福だから、そういう人たちの財産はビリオン（10億）単位であらわされる——2017年のフォーブス誌には、世界中の2043人ものビリオネア、億万長者の名前が並んでいるのだ！（2010年には937人だったが、大幅に増えている）。私が最後に目にした数字では、アマゾン創業者のジェフ・ベゾ

スの資産はおよそ130ビリオン（1300億）ドル、ビル・ゲイツの場合は90ビリオン（900億）ドル、ウォーレン・バフェットは約84ビリオン（840億）ドルだったが、今ではもっと増えているだろう〔ジェフ・ベゾスの資産は2020年に2000億ドルを超えた！〕。

　私には、さしあたってビリオネアの仲間入りをする気配はない。それどころか足元にも及ばない状況で、読者のみなさんも同様ではないかなどと勝手に想像している。だが、ほとんどの人がそんな桁外れの財産に縁がないとしても、これまでと同じように**「自分自身にとってはどんな意味があるのか」という論理的思考を用いれば、巨額資金をあらわす数字を見極めることができる。**

　2006年5月のニューヨーク・タイムズ紙の記事に、フィラデルフィア・インクワイアラー紙とデイリー・ニューズ紙の売却価格の予想は60万ドルだと書かれていた。私自身にはもちろんそんな額を支払う力はないのだが、その価格は明らかにごくふつうの人でも「買える」範囲内にあり、「ああ、そうなんだよ、私がフィラデルフィア・インクワイアラー紙のオーナーさ」と言えば、なかなかの威信を示せるのはたしかだ。なにしろ1829年創刊の一流紙なのだから。そろそろお気づきだろうか。この数字は、正しくは600ミリオン（6億）ドルで、メディア帝国のオーナーになるという私の夢を打ち砕く金額だった。

　ウェブサイト「メディア・デイリー・ニュース」の2008年

2月の「オン・メディア」欄には、ソーシャル・ネットワーキング・サービス「MySpace」の推定価値が10ミリオン（1000万）ドルと書かれていた。ほとんどの人には手が出ない金額だが、裕福な友人たちが小さな共同体を組めば何とかなりそうに思える。だが後日訂正された金額は、10ビリオン（100億）ドルだった。**まずは、「個人で買える金額か？」と自問してみよう**。それは貴重な修正手段になることが多い。

　言うまでもなく MySpace はそれからしばらくして苦境に陥り、わずか数年後にはたった35ミリオン（3500万）ドルで売却されてしまったから、最初の記事は1000倍の間違いを犯したのではなく、予知能力をもっていたのだろう。

　2005年にビジネス・デイ紙に掲載された「ベライゾン」の株価に関する記事は、ボーダフォンがベライゾン・ワイヤレスの株式の45パーセントを20ミリオン（2000万）ドルで取得したい意向だと報じていた。これは、ベライゾンの2007年の売上高が93.4ミリオン（9340万）ドルだとした2008年の記事とも一貫性がある。数字が妥当かどうかを考えるとき、ほとんどの場合に一貫性はよい兆候なのだが、残念ながらここでは金額が両方とも間違っており、ミリオンではなくビリオンでなければならなかった。

　名前を知られた大企業なのに数字がとんでもなく小さい事例の反対に、聞いたこともない会社にしてはとんでもなく大きい数字を見かける場合がある。たとえば2010年3月のシアトル

タイムズ紙では、「ソニックコーポレーション」（どこの会社？）に関するAP通信の記事として、この会社の総売上高は112.8ビリオン（1128億）ドルと紹介されていた。シアトル地域を本拠地とする別の2社、誰でも知っているマイクロソフトとアマゾンの売上高と比べても、まだ大きいほどの額だ。だがのちに訂正記事が出て、ソニックの売上高はビリオンからミリオンに削られた。

　もっと身近な例に目を向けてみよう。2008年に私の地元の地方紙が、近くの動物病院の「推定年間売上高は18ビリオン（180億）ドルではなく、18ミリオン（1800万）ドルでした」という訂正記事を載せた。この記事が目を引いたのは、ネコの治療で一度お世話になったことがある病院だったからだ。実際、売上が何十億や何百億ドルという規模の大病院には見えなかった。ただ、べらぼうな治療費には目を丸くした覚えがある。

3.4　そのほかの大きい数字

　大きい数字は金額に限らない。たとえば2008年3月のニューヨーク・タイムズ紙には、「調理に用いる燃料として動物の排泄物と薪に頼っているインドの人の数は、およそ700ミリオン（7億）人で、70万人ではありません」という記事があった。インドについて表面的な知識しかない人にとっては、どちらの数字でも驚きだろう。

　同じころ、ある新聞記事が「南米のカトリック教徒の数を誤って記載しました。正しくは324ミリオン（3億2400万）人で、32万4000人ではありません」と伝えている。南米にはスペインとポルトガルから移り住んだ人たちが数多く暮らしており、どちらもカトリックが優勢な国であることを考えれば、少ないほうの数字は見ただけであり得ないと感じられただろう。

　物理的な意味での世界は大きい数字と小さい数字の宝庫だから、やはり誤りが起きやすい場所になっている。ここではいくつかの事実を知っていると役に立つ。たとえば、宇宙の年齢（およそ140億年）、月までの距離（24万マイル、38万キロメートル）、太陽までの距離（9300万マイル、1億5000万キロメートル）、世界一周の距離（2万5000マイル、4万キロメートル）、また自分が暮らす国の端から端までの距離などだ。光の速さ（秒速18万6000マイル、30万キロメートル）、音の速さ（秒速1120フィート、340メートル）も、覚えておくと便利だ。「科学者は今では、ビッグバンが13.7ビリオン（137億）年プラス・マイナス150ミリオン（1億5000万）年前に起きたと言っている——プラス・マイナス15万年ではない」。またサンフランシスコ・クロニクル紙が2006年1月に天の川銀河にある2つの恒星に関する記事に書いたように、その恒星の1つが生まれたのは300ミリオン（3億）年前で、300ビリオン（3000億）年前ではない。**いくつかの重要な値を知っていれば、大きい桁数で起きている間違いにすぐ気づくことができる。**

　ここで注意を1つ。**結果から論理的にさかのぼり、規模を拡大したり縮小したりして考えるのはとても有用な手段ではあるが、それで数字の問題をすべて見つけ出せるわけではない**。たとえば2018年2月27日のニューヨーク・タイムズ紙に、次のような訂正記事が掲載された。「ウォーレン・バフェットが『バークシャー・ハサウェイ』の株主に宛てて書いた年次報告に関する日曜日の記事で、『バークシャー・ハサウェイ』の2017年の簿価に誤りがありました。簿価は348ビリオン（3480億）ドルに上昇したものであり、358ビリオン（3580億）ドルではありませんでした」。差額は非常に大きいものだが、誤差の割合はとても小さいので（3パーセント未満）、ざっと目を通す程度に読んだのでは気づけない。さいわいニューヨーク・タイムズ紙は几帳面で、わずかな誤りでも訂正記事を出している。

3.5　可視化とグラフによる説明

　ジャーナリストは大きさや規模の印象を伝えるのに、目に見えるイメージを用いるのが好きだ。たとえば2000年8月のニューヨーク・タイムズ紙は、欠陥タイヤの大規模リコールを次のように説明した。「これまでに回収された『ファイアストン』のタイヤ650万本をすべて積み上げたなら、高さ949マイルの柱ができる」

　この計算は正しいだろうか？　自分で確かめてみよう。タイヤを横にして次々に積み上げる場合、1本のタイヤの幅が1フィートなら、650万本で650万フィートの高さになる。650万を5280（1マイルは5280フィート）で割ると、あるいは単純にして600万を5000で割ると、答えはどちらもおよそ1200マイルだ。タイヤの幅を9インチと考えるなら（9インチは1フィートの4分の3だから）、高さも1200の4分の3で900マイルになる。つまり記事に書いてある高さの計算は正しい。ただし数字が細かすぎる点が気になるので、それについてはLesson 8で詳しく説明することにしよう。

　私には**このような可視化がそれほど役に立つとは思えず、ただ数字が「大きい」あるいは「とても大きい」という印象を受けるくらい**だ。949マイルという長さを想像してみて、それもまっすぐ縦に伸びているなら、いったいどんなイメージが思い浮かぶというのだろうか（図3.1を見てほしい）。

　データを身近なものと比較できる範囲に変えるような可視化なら、話は別だ。あり得ないタイヤのタワーではなく、「人口3億3000万人に対し、リコールされたタイヤは650万本、50人に1本」と言ってはどうだろう。それならもっと簡単にイメージを思い描ける――50人が入れるバス、店、教室のような場所なら、その中にタイヤのリコールが必要な人が必ず1人いる。

　可視化は、見る人にとって身近なイメージが前提となるのだ

図3.1 積み上げられたタイヤ

が、必ずしもそうはなっていない。テレビのニュースで、船の大きさを「フットボール競技場の3倍半に近い長さ」と説明しているのを見たことがあるが、おそらくアメリカ以外では役に立たない、視野の狭いイメージだ。「長さはほぼ350ヤード（320メートル）」と言うほうが、よっぽどよくわかる。

　フットボールに例えると、アメリカでは受けがいい。車の運転中にメールをすると危険なことを指摘する記事には、「運転しながらメールを送ったり読んだりするドライバーは、5秒間にわたって道路から目を離す傾向がある。高速道路を走行中に

それだけの時間があれば、車はゆうにフットボール競技場の長さより遠くまで進んでいる」とある。フットボール競技場の大きさを知らない人には、このことが重大かどうか、見当がつかないだろう（もちろん運転中に5秒間も道路から目を離すのは、競技場の大きさと関係なく、いい考えとは思えないが）。あるいは、世界では「フットボール」というとアメリカ人がサッカーと呼んでいる競技を指すことが多く、サッカー競技場はアメリカンフットボールの競技場より少し大きいくらいだから、問題なく想像できると言う人もいるかもしれない。

3.6　まとめ

　2002年のノーベル経済学賞受賞者で、『ファスト＆スロー──あなたの意思はどのように決まるか？』の著者でもあるダニエル・カーネマンは、かつて次のように言っていた。

　「人間は、とても大きい数字やとても小さい数字を理解することができない。その事実を認めることが、私たちにとって有益だろう」

　大きい数字を理解する最も効果的な方法の1つは、規模の縮小を試みること、たとえば大きい数字のうちの自分の分け前や、それが自分の家族や少人数の仲間に与える影響を考えてみるこ

とだ。1兆ドルの予算に個人で直接関与できる人はどこにもいないが、そのうち自分の分は3000ドルを少し超えるくらいだと考えれば、直感で理解できるだろう。

　大きい数字を可視化する方法は種々雑多と言える。うまくいっている場合もあるが、**たいていは、直感的に理解できない数字を、やはり直感的に理解できないイメージで置き換えているだけ**になる。たとえば高く積み上げたタイヤや、月旅行のように。また、フットボール競技場のように狭い文化のなかでのみ通用するものを引き合いに出しても、数字がうまくイメージとつながらず、あまり役に立つとは思えない。

Lesson 4
メガ、ギガ、テラ、それ以上

「1ゼタバイトは10億兆バイトで、1のあとにゼロが21個続く。1ゼタバイトは、米国議会図書館の全蔵書データの1000億倍に等しい」
（ニューヨーク・タイムズ紙、2009年12月10日）

テクノロジーの世界は大きい数の宝庫で、その多くは聞き慣れない単位をもつから、「大きい」をあらわす新たな語がひと揃い出現することになる。メガ、ギガ、テラは今では日常語になっているが、さらに大きいペタやエクサも一定の頻度で姿を見せるようになった。コンピューターとスマートフォンが広く普及したために、みんなギガバイトやメガピクセルについて読むのは慣れてきたものの、これらはバイト数のような目に見え

ないものをあらわすことが多いので、もっと身近なビリオンや
トリリオンよりも意味がわかりにくい。

　ここで確認しておくと、キロは1000、メガは100万、ギガ
は10億、テラは1兆だ。テクノロジーの進歩に後れをとりた
くないなら、その先のペタ、エクサ、ゼタ、ヨタも覚えておこ
う。**それぞれ、前の単位の1000倍になっている。**

　同じように、コンピューターは超高速かつ超微細な構成要素
でできているので、そこには小さい量と大きさをあらわす、さ
らに聞き慣れない接頭語の異世界がある——ミリ、マイクロ、
ナノ、ピコで、それぞれ1000分の1、100万分の1、10億分の
1、1兆分の1を意味している。長さと時間に使われることが
最も多く、ミリメートル、ナノ秒などとして目に入る。

　大半の人は、これらの数字を見ても直感的に大きさを把握で
きない。いずれにしてももとになっているデータのことを知ら
ないから、書いた人に言われるがまま、誰が書いたものでも信
じるしかない。そのことがわかる例をいくつか見てみよう。

4.1　電子書籍の「大きさ」は？

　何年も前のクリスマス商戦の季節に、アマゾンのKindleを
はじめとした新登場の電子書籍リーダーがプレゼント候補とし
てもてはやされ、アップルから発売されるかもしれないタブレ
ットとともに世間を騒がせたことがある（iPadは2010年1月

下旬に発表されたが、発売は3月になった)。2009年12月9日のウォール・ストリート・ジャーナル紙は、「バーンズ・アンド・ノーブル」の電子書籍リーダー「ヌック」には2ギガバイトのメモリがあり、「約1500冊の電子書籍を保存できる」と書いた。その翌日のニューヨーク・タイムズ紙には、1ゼタバイトは「米国議会図書館の全蔵書データの1000億倍に等しい」という見解が載った。

　運のよいことに、私はちょうど期末試験に出す問題を考えはじめたところだったので、このテクノロジーに関する数字との出合いは天からの贈り物だった。そこで試験の問題は次のようなものになった。「これらの2つの記事の内容が正しいとして、米国議会図書館にはおよそ何冊の本があるかを計算しなさい」

　必要な計算は、ごく簡単だ。ただし扱う数字はとても大きく、ほとんどの人にとっては苦手なものだろう。ゼロがあまり長く続いていると、脳ミソが拒否反応を起こしてしまう。数字全体をきちんと書く（1のあとにゼロを21個並べる）とわかりやすいかもしれないが、ゼロの数で間違いが起きやすいから、このあとで説明する**「指数表記」を用いて 10^{21} とするほうがいい**だろう。ただしゼタのような単位は、ごく少数の人たち以外には知られておらず、ほとんどの人にとっては何の意味ももたない。

　ここでは直感は役に立たないから、慎重に計算することにしよう。ウォール・ストリート・ジャーナル紙によれば、1500

図4.1　蔵書は1万冊？　米国議会図書館の建物の1つ

冊の本を2ギガ（2ビリオン＝20億）バイトで保存できるから、本1冊はおよそ100万バイトあまりになるとみていい。次にニューヨーク・タイムズ紙の記事から、蔵書の1000億倍は10^{11}倍とあらわすことができ、全体の10^{21}（1ゼタ）バイトを10^{11}で割って、全蔵書でおよそ10^{10}バイトだとわかる。本1冊が10^{6}（100万）バイトだと計算できているから、米国議会図書館の蔵書はおよそ10^{4}（1万）冊だ（指数表記にまだ馴染めない人のために、次の項でもっと詳しく説明する）。

　蔵書が1万冊という推測は、妥当なものだろうか。推測に代わって役立つ方法の1つは、一種の**「数字のトリアージ（ふるい分け）」**で、そこから試験問題の2つ目ができた。「計算で求めた値が、大きすぎるように思えるか、小さすぎるように思えるか、ほぼ正しいと思えるか、また、なぜそう言えるかを答えなさい」。もちろん、計算が正しくできていなければ、すべて無駄な努力だ。多くの学生はその点で苦しい立場に陥り、極端に少なすぎたり多すぎたりした計算違いの数字を、なんとか論理的に説明しなければならなかった。

　正しく計算できた学生は、まだましだったとはいえ、一部は数字が妥当かどうかを判断するのに苦労した。大きい数字になると、その中では小さいほうであっても、どうやら思い浮かべるのは難しいらしい。大規模な図書館の蔵書が1万冊で妥当だと考えた学生が、驚くほど多かったからだ。「プリンストン大学の図書館にも1万冊以上の本があると推測できる」と答えた学生がいる。これはもちろん数の上では正しいが、よい答えとは言えない──私の研究室にさえ500冊を超える本があるし、もっと研究熱心な同僚の多くは数千冊の本をもっているはずだ。プリンストン大学図書館はキャンパスの中心に位置する大きな建物にあり、どの学生にとっても表向きは身近な存在になっているが、その蔵書はゆうに600万冊を超えている。

　1冊の本は、実際にはどれくらいの大きさなのだろうか？　1テラバイトとは、ついでに言うなら1メガバイトとは、どれ

くらいの大きさなのだろうか？　部分的な答えなら手元にある。1バイトには、最も一般的な文章表記でアルファベットの1文字が入る。ジェーン・オースティンの『高慢と偏見』はおよそ9万7000語、文字数にすると55万文字だから、恋愛小説や伝記のような文章のみの本なら、1冊でおよそ1メガバイトと見積もれば切りがよく、1ギガバイトなら同様の長さの本の1000冊にあたる（写真はもっと多くのスペースをとり、1枚で1キロバイトから1メガバイトに相当する）。ウォール・ストリート・ジャーナル紙の計算は妥当なのに対し、ニューヨーク・タイムズ紙の計算はまったくの誤りだった。

　これで、電子書籍の大きさに関する次の3つの引用文を検討できる。

「欽定訳聖書がそっくり入ったワープロファイルがあるなら、500キロバイト弱を消費するだろう」

「テキストの場合、1ギガバイトには聖書と同じくらいの本2000冊を収納できる」

「マイクロソフトの『オフィススイート』は、プログラム全体で分厚い本1冊分と同じくらいのドライブスペースを占める。たとえば、マイクロソフトの『オフィス・スモールビジネスエディション』は、560メガバイトだ」

　聖書は『高慢と偏見』よりもかなり長くて約80万語、プレーンテキストでだいたい4.5メガバイトになり、たしかに分厚い本だ。そのため、最初の2つの文はうまく一致しているのだが、数値の見積もりが甘すぎる（データ圧縮技術によって必要なバイト数を減らすことができるが、500キロバイトまでは小さくならないだろう）。一方の3番目の文では、上の2つと1冊分で1000倍のずれがある。560メガバイトの「マイクロソフトオフィス」なら、恋愛小説や伝記などの厚い本500冊分に相当するだろう。

　ところで、米国議会図書館のウェブサイト（loc.gov）によれば、この図書館は書籍を1600万冊、そのほかの資料を1億2000万点所蔵している。おもしろいことに電子書籍リーダーに関する元の記事には、読者が米国議会図書館の蔵書の数を思い浮かべられるよう配慮して、「米国本土とアラスカの地表に教科書を7層に敷き詰めた数」という説明がある。これが正しいかどうかの判断は、みなさんにお任せしたいと思う（役立つかどうかは別にして）。ただし判断の糸口をつかめるよう、1平方マイルは2500万平方フィートよりはるかに広く、教科書の大きさはみなさんが今読んでいる本よりそれほど大きいわけではないと、記しておくことにしよう。

4.2 指数表記（科学的記数法）について

ニュースソースが「ものすごく大きい」をさらに超えるような数字を伝えるときには、最後の手段として省略した形式を用いることになる。たとえば、ニューヨーク・タイムズ紙は2008年3月に、次のような訂正記事を掲載した。「ペタフロップは1秒間に1000トリリオン（1000兆）の命令を処理する能力で、ミリオン・トリリオン（100京）ではありません」。また2007年12月のコンピューターワールド誌は「民間部門のみで、電子保存文書は2010年までに2万7000ペタバイト（27ビリオン・ギガバイト）を占めるだろう」と書いた。2017年6月には次のような記載がある。

　「CERNによれば、標準模型の要である念願のヒッグス粒子は、125ビリオン電子ボルトの重量をもち、ヨウ素原子と同程度になる。だが論理的計算に基づけば、それは話にならないほど軽すぎる。ヒッグス粒子の質量はその数千クアドリリオン倍も重いはずだ」

　複合語のみならず、ビリオンやトリリオン、さらに珍しいクアドリリオンといった大きい数、またテクノロジー界での同種であるギガやペタが入り乱れる！　あまり知識のない読者はどうすればいいのだろう？

　**大きい数に対処する1つの方法は、ミリオンやビリオンなど
の言葉を使わずに、すべてを数字で書き出してみること**だ。つ
まり、ミリオンは1,000,000、ビリオンは1,000,000,000だ。さ
らに大きい数になると、ニューヨーク・タイムズ紙にあるよう
に、「1ゼタバイトは1ビリオン・トリリオン（10垓）バイトで、
1のあとに21個のゼロが続く」（21個は、ビリオンの9個のゼ
ロとトリリオンの12個のゼロを加えたものになる）。

　指数表記（科学的記数法）では、**1のあとに続くゼロの数を
示すのに10の累乗を用いる**。この表記なら、1000は10^3で、
10の3乗、10を3回掛けることを示す（$10 \times 10 \times 10$）。同様
にミリオンは10^6、ビリオンは10^9だ。トリリオンは10^{12}で、
10の12乗、10を12回掛けることを示す。そして$10^9 \times 10^{12}$の
ように**10の累乗どうしを掛け合わせる場合は、指数の足し算
をすればいい**——10^{9+12}で、10^{21}になる。逆に**割り算の場合は
指数の引き算**をして、たとえば10^{21}を10^{11}で割ると、10^{21-11}で、
10^{10}だ。

　これなら単純で簡潔、大きい数字をあらわす言葉を使ったり
ゼロを数えたりするより間違えにくい。たとえば、2003年の
通信業界の凋落を描いた『ブロードバンディッツ』で、著者
は1秒あたり6.5テラビットのデータ転送速度を、1秒あたり
56キロビットの「ほぼ100万倍の速さ」だと書いている。は
たして100万倍は正しいのだろうか。6テラビット（6の10^{12}
倍）を60キロビット（60の10^3倍、つまり6の10^4倍）と比べ

ると、正しい倍数は 10^8 に近いことがわかる。つまり、1億倍の速さだ。

　だが残念なことに、多くの人たちにとって指数表記は馴染みがなく、日常生活ではあまり使われていない。

　ときには技術不足のせいで、わかりやすい表記が妨げられることもある——新聞は指数を印刷できないらしい。2007年12月のニューヨーク・タイムズ紙の記事に、コンピューターにとってチェスの習得がチェッカーの習得よりはるかに難しいのは、チェスでは1040から1050通りの可能な配置があるのに対し、チェッカーの配置は1020通りほどだからだとある。配置の数に、あまり大きな差があるようには思えないが？　しかし、本来あるべき姿に直してやれば、ずっとわかりやすい。チェスでは 10^{40} から 10^{50} 通りの可能な配置があるのに対し、チェッカーの配置は 10^{20} 通りほどだ。これならチェッカーとチェスの違いがはっきりわかる。つまり、チェスはチェッカーより 10^{20} から 10^{30} 倍難しいわけで、その表記のとおり、1のあとに20個または30個のゼロが続く。1,000,000,000,000,000,000,000,000,000,000倍だ。よくわかっただろうか？

　この差は大きい。コンピューターが1秒間に10億（10^9）通りのチェスの配置を評価できると考えてみよう——現在の家庭用コンピューターで考えれば高速だが、スーパーコンピューターならたやすい。1日には8万6000秒、1年ならおよそ3000万（30×10^6）秒ある。コンピューターが1年間に 10^9 の30 ×

10^6 倍、すなわち 3×10^{16} 通りの配置を確認できるとすると、10^{20} 通りの配置を評価するには3000年かかってしまい、10^{30} 通りの配置の評価にはその100億（10^{10}）倍の時間がかかることになる。

4.3　まぎらわしい単位に気をつける

「馬の組織内で検出されたクレンブテロールの量は、（……）41ピコグラムで、『ペトラグラム』ではありませんでした。ピコグラムは1グラムの1兆分の1です。ペトラグラムというものは存在しません」
（ニューヨーク・タイムズ紙、馬のドーピングに関する記事、2008年8月6日）

　単位の中には、ほとんど馴染みがないものや、（テクノロジー関係の単位のように）よく似たものがあるために、名前をうっかり取り違え、ただでさえ生じやすい混乱をさらにややこしくしてしまうことがよくある。ある年のクリスマスに、私は妻からケン・オーレッタの著書『グーグル秘録──完全なる破壊』をもらった。これは過去数十年間で最も成功を遂げたテクノロジー企業の1つについて、興味深い歴史と評価をつづった本だ。だが、その最後の1文には、グーグルが「およそ24テタビット（およそ24クワドリリオン・ビット）のデータ」を

保存しているとあった。

　ニューヨーク・タイムズ紙の訂正記事に書かれていたのと同じように、テタビットは存在しない。クワドリリオン（10^{15}）が正しいならば、この語はペタビットのことだろう。ペタは10^{15}だからだ。ここから、私はまた別の試験問題を思いついた。「この語がペタビットだったとして、グーグルが保存しているのは何ギガバイトか？」というものだ。この問いに答えるには、ペタビットをギガビットに変換し、それからビットを（1バイトあたりのビット数である8で割って）バイトに変換して、答えの300万ギガバイトを求める必要があった。だが、「テタビット」はもう1つの有効な単位であるテラビットとも1文字違いだ。そこで、問題には次のような小問2を加えた。「もしもテタビットが実際にはテラビットだったとしたら、何ギガバイトになるか？」。簡単な練習問題として、ぜひ解いてみてほしい。

　余談になるが、『グーグル秘録──完全なる破壊』は2009年に出版された。テクノロジーの進歩はとても速いので、ストレージの数字もまもなくエクサバイトに変わっていき、「1のあとに18個のゼロが続く」話を頻繁に見かけるようになるのは間違いない。

4.4　まとめ

　テクノロジーの世界の大きい数字や小さい数字をあらわす接頭語——メガ、ギガ、ナノ、など——は、大きい数字をあらわすために古くから使われているミリオンやビリオンなどの語と同じ問題を抱えている。私たちはこれらの語を見ても直感的に大きさを把握できず、ただ相対的にとても大きい、とても小さい、というだけの、漠然とした印象しか受けないのだ。それと同時に普段から見慣れてもいないので、その印象には正確な意味が伴っていない可能性が高い。

　こうした語をきちんと理解すれば役立つだけでなく、**言葉や長々としたゼロの連続の代わりに指数を用いる指数表記（科学的記数法）を熟知し、使い慣れれば、どの語もわかりやすく意味のあるものになっていく**だろう。「ミリオン・ミリオン・トリリオン」のように、数字をあらわす語がいくつも連なっているのを見たら、ちょっとだけ時間を割いて指数に変換してほしい。そうすれば大きさの正確な印象を簡単に得られるし、大きい数字の計算がずっと楽になるはずだ。

Lesson 5
単位について

「アメリカ人は1日に約200万米トンの迷惑郵便物を受け取る」
（新聞の人生相談コラム「ディア・アビー」、1996年1月）

　ペーパーレス社会の到来とともに、受け取るものは大量のスパムメールに姿を変えた今も、私の家にはまだ毎日たくさんの迷惑郵便物が届いている。だが1日に200万米トンは、あまりに大量に思える。「ディア・アビー」の主張は妥当なのだろうか？　妥当かどうか、考えてみることにしよう。

5.1　単位を正しく把握する

まず Lesson 3 に登場した質問からはじめよう——**自分自身は、どんな影響を受けるのか？**　200万米トンは40億ポンドに等しい。1996年に米国の人口が3億人だったとすると、1人が1日に受け取っていた迷惑郵便物は13ポンドを超える。

それはどことなく現実的とは思えない。長いこと働いた実直な郵便配達人、ジョーのことを思い出すと、なおさらだ。彼は20年近くもわが家にしっかり手紙を届けてくれた。私と妻に宛てた迷惑郵便物だけで1日26ポンドにもなると考えると、アビーの数字は明らかに大きすぎる。

これは、ただ——バレルとすべきところをガロン、メートルをキロメートル、分を秒、月数や年数を日数などと——**単位を取り違えている典型的な誤り**のようだ。具体的な数字は正しくても、ついている単位に誤りがあれば、最終的な値は間違っている。

ここでの問題は、時間か重さの単位の間違いにあるのではないだろうか。たとえば、「200万米トン」は正しいが「1日に」が「1カ月に」や「1年に」だとしてみよう。1カ月に13ポンドなら、1日に6オンスか7オンスで、それでもまだ多いように思える。だが1年に13ポンドとすると、1人1日あたり半オンス、2人家族の家なら1オンスだ。ちょっと少ないかもしれないが、実情にそぐわないほど少なくはない。

　あるいは、「200万」は正しいが「米トン」が「ポンド」の誤りだったらどうだろう。200万ポンドは3200万オンス、それを3億人で割れば1人1日あたり約1/10オンスになる。それでは少ないように思えるが、話にならないというほどではないから、あり得る数字だ。そして、まだ別の可能性もあるにちがいない。

　これまでに、どんな筋道で論理的思考を進めてきたかを整理しておこう。まずは最初の大きい数字を、**自分自身が影響を受ける範囲の小さい数字に換算**する。その数字が明らかに誤っているとわかれば、**元の表記のどこに誤りがあるか**という可能性について考える。そして可能性のいくつかを検討して、単純な変更によって説明がつくか、それによって**もっと妥当な答えが得られるか**どうかを確かめる。

5.2　論理的にさかのぼって考える

　結論から論理的にさかのぼってデータと前提が正しいかどうかを確かめる方法は、とても有用で、数多くの状況に応用できる。もっと例をあげて、見てみよう。

　「コンピューターとモニターを1日24時間つけっぱなしにせず、夜間はシャットダウンする習慣をつければ、1日に88ドル節約できる」

（ニューアーク・スターレジャー紙、2004 年 12 月）

　この記事は、CRT モニターがコンピューターのディスプレイとして、現在よりもはるかに一般的だった時代に書かれたものだ。これを読むと、モニターの電源を切るのは単によい習慣というだけでなく、金銭的な面でも必要だと言っているように聞こえる。電気代が実際に半日で 88 ドルもかかったなら、パソコンはほんのわずかしか存在しなかっただろう。電気代だけで、年間 3 万ドルを超えていたことになるからだ。たとえ2004 年の話でも、そんな数字が正しいわけがない。

　実際の電気代——私が住んでいる場所では 1 キロワット時で約 10 セント〜 15 セント——と、コンピューターとモニターの消費電力——一般的には 100 〜 200 ワット（0.1 または 0.2 キロワット）で、白熱電球 2 個を点灯している状態に近い——を知っていれば、モニターを点灯した状態では 1 時間に 1 セントか2 セントかかると見積もることができる。コンピューターとモニターの電源を 1 日に 10 時間入れておくとして、1 年間の電気代は約 80 ドルだ。だとすれば、元の記事の時間の単位は「1日に」ではなく「1 年に」が正しいにちがいない。その推論は正しく、スターレジャー紙は数日後に訂正記事を掲載して、そのことを明らかにした。

　2004 年 11 月のロンドン・タイムズ紙の記事は、NASA のジェット機が 10 秒に 850 マイル、1 時間に 7000 マイルの速さで

進むと書いた。最初の10秒に850マイルと次の時速7000マイルは、明らかに矛盾している。10秒に850マイル進むなら、そのジェット機は1分で5000マイル、1時間なら30万マイル進むはずだからだ。この記事はさらに、音速の10倍で飛べる航空機がまもなく太平洋上でテストされることになっており、ロサンゼルスから1時間以内でピョンヤンに到着できる「極超音速」巡航ミサイルの完成が目標の可能性があると続く。音速は時速700マイルと少しだから、時速7000マイルはミサイルとしては完璧に説得力のある数字だ。

　ところで、子どものころ、夕立が降ると落雷がどれだけ遠いかを推定する方法を教わったのを覚えているだろうか。稲妻と雷鳴のあいだの差が5秒で1マイルの距離になる。音の速さの時速720マイルは分速12マイルに等しく、5秒で1マイル〔1秒で340メートル〕に相当するからだ。

　では、ジェット旅客機が10秒に850マイル進めるとは、どういうことだろうか。たしかに飛行機の旅が楽になるだろう。まず、ロンドンで搭乗したとする。すると飛行機が離陸して40秒後には、「シートベルトをお締めください。当機はまもなくニューヨークに着地いたします」のアナウンスが流れることになる。

　時速7000マイルはミサイルには妥当かもしれないが、旅客機には速すぎる。旅客機は時速500マイルから600マイル程度で飛び、コンコルドの最高速度は音速の約2倍で、時速1300

図5.1　時速2000マイル？

マイルだった。

　そこで、マンチェスター・ガーディアン紙の1993年9月の記事が気になる。そこには「ボーイング747は時速2000マイルをゆうに超える猛スピードで滑走路を進んで離陸できる、人間が作った乗り物だ」とあった。747の離陸は実際に見事なものだが、その離陸速度は時速200マイルに近い。

　一方、再び地上に目を向けると、ニューヨーク市は2005年にマンハッタンとブロンクスを結んでハーレム川にかかっていたウィリス・アベニュー橋を、老朽化を理由に売却しようとし

た。値段はたったの1ドルで、市は15マイル以内の場所へなら無料で届けるというサービスまで用意した。残念なことに買い手はあらわれなかったので、最終的に橋は解体されている。

　ところで、当時の新聞に交通量調査の結果が載っていた。それによると、この橋を利用していた車は年間わずか7万5000台だという。ざっと計算しても1日におよそ200台、5分に1台にも満たない。ずいぶん閑散としている。しかも、少なくとも800万人の人口を抱えたニューヨーク市にある橋だ。だが案の定、数日後に訂正記事が出て、この橋の交通量は7万5000台だが、1年間にではなく、1日にだった。

　もっと専門的な単位や馴染みの薄い単位もあり、その場合はさらに間違えやすい。たとえば以前、激しい行動障害がある子どもに対する電気ショック療法の記事を見かけたことがある。15アンペアから45アンペアの範囲の電流を用いて子どもたちを治療するという内容だ。家庭でそんなことをしてはいけない！　正しい単位はミリアンペア（1000分の1アンペア）のはずだ。ウィキペディアには、30ミリアンペアあれば心臓の細動を引き起こすのに十分で、30アンペアなら即座に命を奪うとある。

　もっと楽しい記事を探すことにしよう。数年前のニューアーク・スターレジャー紙には、モンクレアにある「ティアニーズ・タバーン」という地元のバーが、サービスタイムにピッチャー1杯のビールを1ドル25セントで提供するという記事が

あった。ピッチャー1杯は通常60オンス、2リットルに相当する。それだけの量を飲めば愉快な気分になれることは間違いない。少なくとも、しばらくのあいだは。そして、記事はのちに訂正された。1ドル25セントで買えるのは1パイント（16オンス）で、ピッチャー1杯ではなかった。それでもずいぶん安いが、最初の記事の値段の約4倍にあたる。

5.3 まとめ

　ミリオンやビリオンの場合と同様、**単位でも間違いが起きやすい**。間違えたことによる影響が小さいこともあるが——1日と1年を間違えたのなら、たったの365倍だ——ポンドと米トンを間違えれば2000倍、フィートとマイルなら5280倍にもなる。（「コロラド・スプリングスの標高は6000フィートです。6000マイルではありません」）

　単位の間違いが深刻な影響を及ぼすこともある。たとえば、1999年に火星探査機マーズ・オービターが火星の大気中へと姿を消した原因は、ソフトウェアの一部ではヤード・ポンド法のデータを用い、別の部分ではメートル法のデータを用いていたことにあった。その差によって、軌道修正に必要な推力の計算に誤差が生じ、探査機が火星の表面に近づきすぎてしまったらしい。

　別の例をあげると、1983年にカナダ航空の旅客機が飛行中

に燃料切れを起こしたのは、キログラムを用いるべき必要給油
量の計算に、ポンドを用いてしまったことが原因だった。その
結果、この旅客機には必要量の半分にも満たない燃料しか搭載
されていなかった。計器の故障と人的ミスが重なり、このこと
が明らかになったのはマニトバ上空の高度1万2500メートル
を飛行中に、エンジンがすっかり停止してからのことだ。幸運
と並外れた操縦技術に恵まれて、この飛行機は動力を完全に失
って計器もほとんど動かないまま、旧空軍基地の滑走路に無事
着陸を果たしている。

　場合によっては、論理的にさかのぼって考えることで単位の
誤りが見つかる。だが上記の2つの事故のように、**慎重になる
以外に真の解決策はない場合もある**。

Lesson 6

1次元、2次元、3次元

「若い雄は、食べ物と交尾の相手を探して60～100平方マイルの範囲を歩き回ることができる。だが雌は巣穴の近くにとどまり、半径10マイル以内で食べ物を手に入れる」
（ニューアーク・スターレジャー紙、1999年7月9日）

　雄グマが広い縄張りを歩きまわることは、よく知られている。では、引きこもりがちな雌グマの行動範囲に比べて、雄グマが移動する縄張りはどのくらい広いのだろうか。

　さっそく計算してみることにしよう。半径 r の円の面積は πr^2 で、π はおよそ3.14だから、半径10マイルの円の面積は300平方マイルを超えている！　しとやかな雌グマは男友達よりも巣穴の近くにとどまるという説を、額面通りに受け取るとする

なら、どこかおかしいのは確かだ。

何が問題なのだろうか？

6.1 「平方フィート」と「フィート平方」

半径何マイルという長さと、平方マイルという広さを混ぜて使えば、間違いが起きるのは当然だ。

誰もが子どものころから、リンゴとオレンジは比べられないと教わってきただろう。私たちが扱う数字の多くには次元（1次元の長さ、2次元の面積、3次元の体積）があり、正しく組み合わせる必要がある。もし間違えればリンゴとオレンジを一緒にするようなものだ。フィートと平方フィートを足すことはできないし、平方インチと立法インチを比べることもできない。

さいわい、そのような間違いは簡単に見つかるのがふつうだ。たとえば、2009年5月に掲載されたニューヨーク・タイムズ紙の訂正記事には、「30フィート平方──縦30フィート、横30フィート──であり、30平方フィートではありませんでした。それでは非常に狭くなります」と書かれていた。

まったくそのとおりで、30平方フィートならば、縦6フィート（約1.8メートル）、横5フィート（約1.5メートル）しかない場所になる。実際、「平方フィート」と「フィート平方」は混同されやすく、とても間違えやすい表記だ。クマの記事の数カ月前には、「レブンワース砦の広さは8.8平方マイルで、8

マイル平方（64平方マイル）ではない」ことも知らされた。また『別名切り裂きジャック』（R・M・ゴードン著、2000年）には、「被害者全員が260平方ヤードという狭い区域に住んでいた」と書かれている。260平方ヤードの区域なら、縦横それぞれ約16ヤード（15メートル弱）しかない。著者はおそらく260ヤード平方（縦横がそれぞれ260ヤード）と言いたかったのだろう。

　書かれている広さから論理的にさかのぼって考えると、このような問題が明らかになることが多い。2016年夏にマイアミでジカウイルス感染の騒動が起きたとき、CDC（米国疾病対策予防センター）のトム・フリーデン所長の談話として、感染指定地域の中心500平方フィートの内部で新しいジカウイルス感染者が発生するのは想定内だという記事が載った。「それがジカウイルスというものです」と彼は話し、1平方マイルの地域が予防のための緩衝地帯だと説明している。

　500平方フィートは、どのくらいの広さだろうか？　偶然にも、私がこの章を最初に執筆していたのが、縦横それぞれ20フィートほどの部屋だった。その広さは400平方フィートだから、縦22フィート、横23フィートで、506平方フィートになる。つまり、もし私がニュージャージーではなくマイアミにいたなら、ジカウイルスの新しい感染者を私の部屋と同じくらいの地域に限定できるということだ！　たしかにそれなら、ウイルス拡大を抑えるのは容易になる。

フリーデン博士が言いたかったのは（そして、おそらく実際に言ったのは）「500平方フィート」ではなく、「500フィート平方」だった。つまり縦横500フィートの地域で、広さは25万平方フィートになる。緩衝地帯の1平方マイルは、縦も横も1マイルだから、ここでは間違えようがない。

6.2　面積でよくある間違い

「F50fdのセンサーは、ほかのほとんどのカメラのセンサーより50パーセント大きく、対角線の長さが0.4インチに対して0.625インチある。今ではそれがカメラで大切な統計値になっている——メガピクセル数ではない」
（ニューヨーク・タイムズ紙、2007年12月6日）

たとえばテレビ、コンピューター、携帯電話など、私たちが日常生活で目にするディスプレイの大きさは、長方形をした画面の対角線の長さを示す1つの数字であらわされている。1つの数字で大きさがわかるのは便利で、比較する装置すべてで縦横比が同じ場合に有効だ。

カメラのセンサーも、私たちの目には触れないが、この部類に含まれている。デジタルカメラの内部にあるセンサーは、微細な感光性の画素が何百万個も並んだもので（100万画素＝1メガピクセル）、入射光を測定してデジタルデータに変換する。

　上記の引用文は、センサーが大きいほうがよりよい仕事をすると言っている点ではまったく正しい。大きいセンサーは、より多くの光を集めるからだ。だが、「50パーセント大きい」がセンサーの面積について言っているなら、計算を間違えている。**縦横比が一定の場合、対角線の長さが50パーセント増えると、縦と横の両方の長さも50パーセント増えるので、面積は2.25倍になる。**

　その値は、どのように導かれたのだろうか？　面積は縦×横で求められるから、元の面積が $h \times w$ だとしたら、新しい面積は $1.5h \times 1.5w$ になる。この式の結果は元の面積の2.25倍だ。もう1つの方法として、面積が125パーセント大きいとも言える。元の面積が100平方単位なら、新しい面積は225平方単位だ（この倍数とパーセント値の違いも混乱を招くので、注意が必要になる）。

　これは図で見るほうがわかりやすいだろう。図6.1では、白い正方形が元の部分、灰色の正方形が高さと幅を50パーセント増やしたことで加わった部分だ。縦にも横にも1つずつ正方形が増えた結果、4個の正方形が9個になった。そして9/4は2.25、125パーセントの増加になる。

　縦横比が異なる場合でもまったく同じで、その場合は図6.2のように正方形ではなく長方形になるだけだ。実際には、長方形に限らず、どんな形にも当てはまる。

　引用文を書いた人が、**0.4から0.625への増加を四捨五入し**

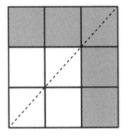

図6.1　対角線の長さを
50パーセント増やす

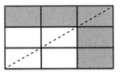

図6.2　同じく、対角線
の長さを50パーセント増
やす

**て50パーセントとし、読者にわかりやすくした部分は、100
点満点**に値する。長さが増えた比率は正確には1.5625倍だから、
大きいほうのセンサーは実際には1.5625の2乗の2.44倍の大
きさになり、カメラを買う人にとってはさらに朗報だと言える。

　消費者がこの種の計算に最もよく接するのは、テレビ画面だ
ろう。わが家のテレビは画面の大きさ（対角線の長さ）が38
インチのひどく古い代物で、しょっちゅう買い替えが頭をよぎ
る。計算を簡単にするために、40インチから60インチのテレ
ビに買い替えることに決めたとしよう。その場合も、再び50
パーセントの増加で、縦と横が1.5倍になるから、私の仮想上
の新しいテレビ画面の大きさは2.25倍になる。私がもっとテ
レビ好きなら（そしてもっとお金持ちなら！）、60インチでは
なく80インチを買うかもしれない。その場合、面積は4倍だ。

　もちろん私が「ウルトラHD」のテレビを買わないかぎり、新しいテレビのピクセル数は古いテレビのものと変わらない。ウルトラHDではピクセル数が4倍になる。なぜ4倍なのだろうか？　それは、ウルトラHDの場合、縦と横の両方に2倍の数のピクセルがあるからだ。

　「ウルトラHDとは、3840 × 2160ピクセルの解像度のこと。それは現在のフルHDテレビの解像度、1920 × 1080ピクセルの4倍にあたる」
（製品比較のウェブサイトより）

　以上はテレビ画面の話だが、コンピューターのディスプレイでも同じだ。縦横比がすべて同じだとすると、15インチの画面は13インチの画面より33パーセント大きく、私のノート型パソコンについている11インチの画面より85パーセント大きい。ここでもピクセルの密度が変化するだろうから、比較する場合は注意が必要になる。

6.3　体積の計算

　「内径3インチの大砲は、重さ3ポンドから4ポンドまでの、小ぶりの鉄球を発射するものだった。内径9インチの大砲は、重さ7ポンドから10ポンドまでの鉄球を発射するものだっ

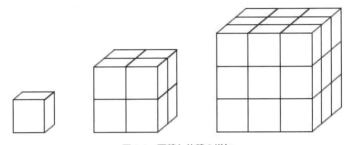

図6.3　面積と体積の増加

た。大砲の大きさは、発射できる固体球の平均重量で呼ばれるようになった。内径３インチの大砲は３ポンド砲、内径６インチの大砲は６ポンド砲、などだ」

（大砲の歴史について書いたウェブサイトより）

これまで見てきたように、平方フィートのような面積が必要とされる場合に長さや半径のような線の単位を用いると、大きな間違いが起きやすく、その逆も同じだ。そして、**そうした間違いが面積にかなり大きい影響を及ぼすとするなら、体積ではもっと大きくなってしまう。**このことは、図6.3のようなブロックを見るのが最もわかりやすい。

側面の面積は、横方向のブロックの数の２乗で増えていく──横方向のブロックの数が１、２、３のそれぞれで、面積は１、４、９になる。同じように、**体積は３乗で増えていく──１、８、**

27だ。

　では、砲弾をもっと詳しく見てみることにしよう。**半径rの円の面積は**πr^2で、よく知られている式だ。半径を2倍にすれば、面積は4倍に増える。砲弾のような**球の体積は**$\frac{4}{3}\pi r^3$で、こちらのほうは馴染みが少し薄いかもしれない（まったく忘れているかもしれない）。ちなみにここで大切なことは、**体積と、したがって重さが、半径または（同様に）直径の3乗の割合で増える**ということだ。つまり、半径や直径が2倍になると体積と重さは8倍になり、ずいぶん増える。3インチの砲弾の重さが3ポンドならば、6インチの砲弾の重さは24ポンド、9インチの砲弾の重さは81ポンドになる。

　ここで覚えておくべき重要な点は、**体積（および重さ）が直線の長さに比例して増える**ということで、$\frac{4}{3}$やπのような定数は忘れていてもかまわない。

　テレビやコンピューターのモニターが今のような平面ではなく、高さと幅に加えてかなりの奥行ももっていた時代があったのを覚えているだろう。そのような古いタイプの20インチ・テレビを、30インチの画面をもつものに買い替えると、画面の大きさは2.25倍になる一方、体積は1.5の3乗でおよそ3.3倍にもなる。今ではよく思い出せないが、重さも同じくらいの割合か、少なくとも2.25倍以上には増えていても驚くにあたらない。だがフラット画面の場合は奥行は一定なので、重さは面積だけに比例して増えそうだ。もし私の40インチのテレビ

図6.4　24ポンド砲で使用する6インチの砲弾

が10キログラムなら、手に入れるかもしれない60インチのフラットテレビの重さは25キログラムほどになる。オンラインの比較サイトを覗くと、この割合はほぼ正しいことがわかる。

6.4　まとめ

平方フィートとフィート平方（あるいは平方メートルとメートル平方）はまぎらわしく、とくに話し言葉では聞き違えやすいので、ニュースではよく混同されている。さいわい、多くの

場合は結果の値がとんでもなく大きかったり小さかったりする
ので、結果をよく考えれば間違いに気づくことができる。

　**高さや幅のような直線の長さが変化したとき、面積がどれだ
け増えるかには注意が必要**だ。面積は直線的長さの2乗で増え
るから、半径や対角線の長さ（縦横両方の長さ）が2倍になる
と、面積は4倍になる。半径が10倍なら、面積は10の2乗の
100倍になる。

　**体積や重さになると増え方はもっと大きく、体積は直線的長
さの3乗で増える**。球の半径や箱のすべての辺の長さを2倍に
すると、体積は2の3乗の8倍になり、直線的長さが10倍なら、
体積は1000倍にもなる。

　それらの場合に重要なのは割合で、$\frac{4}{3}$やπのような定数があ
っても問題にならない。一方の値をもう一方の値で割るとき、
消去されてしまうからだ。形状も関係がない。たとえば長方形
や三角形と円の違いも、やはり定数にすぎないからだ。

Lesson 7
マイルストーン

「毎日 1 万人のベビーブーマーが 65 歳になる」
（ニューヨーク・タイムズ紙、2014 年 8 月 1 日）

「毎月 8000 人のベビーブーマーが 65 歳になる」
（ニューヨーク・タイムズ紙、2016 年 5 月 7 日）

　毎日何千という新聞に、「毎『日、週、月、年などのある期間』『ある数の』『ある集団が』『あることをする』」という形式の記事が掲載される。こうした記事の多くは「節目（マイルストーン）」、つまり、誕生、死、重要な誕生日などの、一生に一度といった出来事を話題にする。

7.1　リトルの法則とは？

　何人のベビーブーマーが毎月65歳になるのか、読者のみなさんは直感で人数を思い浮かべることができるだろうか？　私には無理だが、さいわい、こうした型通りの文章は論理的に分析できることが多く、この場合は上記の2つの引用文のどちらが概ね正しく、どちらが確実に間違っているかを判断することさえできる。

　1つの方法として「リトルの法則」と呼ばれる経験則を用いるものがある。この法則は、ある処理を経るものの数、その処理に到達するまでの速さ、その処理にかかる時間を関連づけて考える、一種の保存則だ。

　簡単に覚えられ、理解度を確かめられる単純な例として、1000人の学生がいる学校を想像してみよう。学生は入学すると4年を過ごし、卒業していく。中退や転校を考えなければ、図7.1のように各学年には250人ずつの学生がいる。

　リトルの法則では、学生数1000人、各学年250人、期間4年、という3つの数字の関係を考える。1000を250で割ると4になり、1000を4で割ると250になり、250に4を掛けると1000になる。よく考えると、この関係はごくごく当然だが、1954年にMITスローンスクール教授のジョン・リトルがはじめて説明したのは、そうしたものだったようだ。

　ではリトルの法則を用いて、アメリカのベビーブーマーが毎

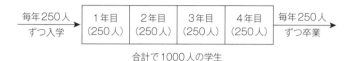

図7.1　学生数1000人の4年制の学校に、リトルの法則を当てはめる

日何人ずつ65歳になるかを推定してみよう。計算を単純なものにするために、アメリカの人口を3億人とする。それが「処理中」の人数だ（この場合の「処理」は、生きている期間に相当する）。次に、1人1人が75歳まで生きるとみなす。それが処理の所要時間になる。単純化しすぎているのはわかっている。実際には、もっと若くして世を去る人もいれば長生きする人もいるわけだし、移住による人口変動、さらには出生率の変化も無視している。だが、ここではこれで十分なのだ。

　3億（人）を75（年）で割ると、各年齢のグループはそれぞれ400万（人）になる。それがこの処理への流入数であり（毎年400万人が生まれる）、流出数だ（毎年400万人が死亡する）。そして、400万は1年に（65歳を含めて）それぞれの年齢に達する人数でもある。次ページの図7.2に示すように、65歳をはじめ、各年齢の人口はそれぞれ400万人いる計算になる。

　400万人を1年のおおよその日数400日で割ると、1日あたり1万人になる。だが1年には365日しかない（400日より10パーセント少ない）ので、1万人を10パーセント増やし、お

図7.2　アメリカ人についてのリトルの法則

よそ1万1000人が毎日特定の年齢に達すると結論づけること
ができる。

　したがって、毎日1万人のベビーブーマーが65歳になる、
という記事は妥当だが、毎月8000人のベビーブーマーが65歳
になる、という記事は誤っている。おそらく毎月ではなく、毎
日とすべきだったのだろう。

　同じような論理的な考え方を当てはめられる、もう1つの例
をあげてみよう。

　「この1年間に毎日およそ1800人が、多くにとって退職を意
　味する記念すべき65歳の誕生日を迎える」
　（デイリー・メール紙、2011年8月2日）

　イギリスの人口はおよそ6500万人だから、寿命を65年と仮
定すると計算が簡単で、毎年100万人が65歳を迎えることに
なる。1日では約2700人が65歳になる。だがイギリスの平均
寿命は80歳を少し超えているので、毎日2300人（6500万人÷

80 年÷365 日）が 65 歳になるというほうが近いだろう。その
値は記事の 1800 人より多いが、大きくかけ離れているわけで
はなく、妥当な範囲だ。

　別の情報源で確かめるために、2013 年 7 月 22 日のジョージ
王子の誕生を伝える多くの記事を見てみると、王子は同じ日に
生まれた赤ちゃん 2200 人の 1 人とあった──未来のイギリス
国王には、特別感があることは否めないが。

　**このような推定の方法では、計算を簡単にするためにおおよ
その数を用いている**ことを忘れないでほしい。そのため、必要
に応じてあとから精度を高める余地が残っている。たとえば、
この記事がイギリスのどの地域を含めようとしていたのか、私
にははっきりわからない。対応する人口が実際には 7500 万人
だったとしよう。その場合は寿命を（計算を簡単にするため
に）75 年と想定することからはじめ、実際の人口がはっきり
わかってから調整すればよい。

　この方法はとても役に立つ。最初は常に数字を単純なものに
する方法を探し、必要に応じて精度を高める段階はあとまわし
にしよう。

7.2　一貫性を確認する

　別々の計算結果や情報源の数字を比較して確認すれば、大い
に役立つ。この章の冒頭に示した 2 つの記事に大きな食い違い

があるのは、警戒信号だ。8000と1万は、数字としてはあまり差がないのだが、単位が加わると毎日8000人は毎月およそ24万人で、1万人と比べて25倍近くの差になる。それはたしかに大きな違いだから、どちらか一方に誤りがあるという大きなヒントだ。

それと同様に、独立したさまざまな計算の結果に一貫性があれば、よい知らせということになる。次の例を考えてみよう。

「毎日1万人のベビーブーマーが50歳になる」
（ギャンブリング・マガジン誌、2005年5月1日）

「今後18年間に、毎週およそ8万8500人のベビーブーマーが59.5歳になる」
（ニューズウィーク誌、2005年9月12日）

「毎月35万人のアメリカ人が50歳になる」
（フォーブス誌、2005年1月10日）

「毎年400万人の生徒が高校を卒業する」
（ニューヨーク・タイムズ紙、2010年7月9日）

これらの4つの値は、それぞれ毎日、毎週、毎月、毎年の単位で書かれているが、1日1万1000人という推定値の10パー

セントから20パーセントの範囲内に収まっているから、すべて正しい可能性が高い。

　一貫性に注目するもう1つの例として、個人情報漏洩の件数に注目してみよう。この犯罪の被害は深刻で、問題はますます大きくなっているようだ。

「79秒に1人ずつ、誰かが個人情報窃盗の被害に遭う」
（CBSニュース、2001年1月）

「2秒に1人ずつ、新たなアメリカ人が個人情報詐取の被害に遭う」
（CNNニュース、2014年2月）

「1分ごとに19人ずつ個人情報窃盗の被害者になる」
（セキュリティ・サービス企業、2015年）

　3番目の説明は1分ごとの被害者数をあげているのに対し、最初の2つは秒単位で示している。それらを直接比べることはできないから、まず3番目の説明をほかの2つと同じ単位に換算しておく必要がある。1分ごとに19人は、3秒に1人とほぼ同じだ。

　2秒または3秒に1人ずつは、ほぼ一貫性があり、一方は「窃盗」でもう一方は「詐取」という用語を用いているとはい

え、どちらも79秒よりもはるかに短い。なぜだろうか？　単純ミスの可能性は常にあるが、もう1つの説明として、13年か14年のあいだに事態が急激に悪化したとも考えられる。「79秒」という数字は広く引用されており、2001年という、まだ電子商取引がはじまって日が浅い時期のものだ。ほかの2つはずっと最近の数字になる。

「79秒」は、1年間の正確な秒数（31,536,000）を、米国連邦取引委員会（FTC）が発表したおおよその数（何らかの種類の個人情報窃盗が発生した40万件）で割ることで求められた長さのようだ。計算結果は78.84になり、四捨五入によって、それでもまだ細かすぎる79という数字が生まれた。

　2017年には、FTCが50万件近い個人情報窃盗の苦情を受けたと発表し、米国司法省（DoJ）は1760万人が個人情報窃盗の被害に遭ったと伝えた。これら2つはどちらも信頼できる数字と考えることができ、上記の食い違いを十分に説明している。FTCは63秒に1件ずつ苦情を受け、DoJは1.8秒に1人ずつ被害に遭っていると言う。不一致は、数えているものが異なるために生じているようだ。

7.3　直感に頼りすぎない

　もちろん、「節目」に関する記事がすべて誤っているわけではないが、**ときにはきちんと考えて確かめる必要がある**。たと

えば商品テストの結果を発表するコンシューマー・レポート誌の2014年7月号には、毎日13万人のアメリカ人が新しい家に引っ越すと書かれていた。

　私はこの数字を見て、すぐに疑わしいと感じた──引っ越しの数が多すぎると思ったのだ。さいわい、すでに説明してきた方法を用いれば、直感よりもっと客観的な何かがわかるだろう。

　アメリカ人1人が一生に1回だけ引っ越しをすると考えてみよう。この章の冒頭に登場した誕生日の話から、それなら1日におよそ1万1000人が引っ越すことになる。だが自分の経験から考えると、ほとんどの人は一生に1回より多く引っ越しているようだ。実際のところ、生まれてから一度も引っ越したことのない人はほとんどいないだろう。では、みんな何回くらい引っ越すのか？　もちろん人によって大きく異なるわけだが、それぞれが自分の経験から、理にかなった範囲を思いつくことができる。たとえば6、7年に1回ずつ引っ越す人なら、一生に10回から12回になる。1万1000人を12倍すると、毎日13万人が引っ越しているのに近づく。コンシューマー・レポート誌の値は妥当なようだ。

7.4　まとめ

　リトルの法則は保存則の一例だ。**入ったものは必ず出なければならず、処理に到達する速さ、処理の所要時間、処理中の数**

がすべて一定ならば、それらのあいだには非常に単純な関係が成り立つ。学生数や国の人口の例を見たように、前提とする数が完璧に正しいものではなくても、おおよその数を用いて、ある記事が正しいか間違っているかを十分に判断できる。

それぞれの推定値、結果、そのほかに一貫性があれば、何らかの体系的な誤りがないかぎり、その値は正しい可能性が高いことを示す強力な指針になる。真に独立した計算には体系的な誤りは含まれないだろうから、2つの異なる方法で何かを計算し、ほとんど同じ結果が出れば、よい知らせだ。1つの欄に並んだ数値を、一度は上から下の順に足して合計し、次は下から上の順に足して合計するという単純な方法でも、役に立つ。縦横に数値が並んだ表で数値の総計を求めたいなら、まず行ごとに合計値を求め、次に列ごとに合計値を求める。各行の合計値をすべて足し合わせた総計と、各列の合計値すべてを足し合わせた総計が、一致していなければならない。

独自に計算する方法の1つに、大きい数字を個々のものや人に縮小して考えるものがある。また、その逆方向として下から上へと計算する方法もある——何かが1つのものや1人の人に及ぼす影響から、全体としての影響へと進む方法だ。たとえば、ニューヨーク市の公共交通機関に関する記事を見てみよう。

「2008年の公共交通機関の利用回数は、10.59ビリオン（105億9000万）であり、単位はミリオンではありません」

（ニューヨーク・タイムズ紙、2014 年 3 月 11 日）

　もともとの 10.59 ミリオン（1059 万）は、明らかに間違えている。逆方向に考えてみると、ニューヨーク市で暮らす人が 1 年に 1 回しか公共交通機関を利用しないことになる。ビッグアップルで暮らしていなくても、それが間違いだとわかるだろう。

　だが、105 億 9000 万回は正しいのだろうか？　上から下の順に考えてみよう。1 年間に 100 億回の利用があり、ニューヨーク市の人口が 1000 万人とすれば、1 人が 1 年に 1000 回、1 日に約 3 回利用することになる。下から上の順ではどうだろうか。ニューヨーク市で暮らす人が公共交通機関を 1 日に 2 回利用するとして、365 を掛けると 1 年におよそ 700 回、それに人口の 1000 万人を掛ければ 70 億回になる。100 億回にはならないが、1 日に 3 回ならそうなる。105 億 9000 万は妥当なようだ（ニューヨーク市民が、「利用」を通勤の片道か往復のどちらと考えているかはわからない。その差は 2 倍だから、ある意味では重要だが、ここでは考えない）。

　あり得ない数字にも注意しよう。バックパッカー・マガジン誌の 2008 年 10 月版に、次のような記載があった。

「捜索救助活動の 14 パーセントが土曜日に発生し、公園の捜索救助隊にとって最も多忙な曜日となっている。それに対して水曜日は全体の 7 パーセントで、捜索救助隊が最も余裕を

もって活動できる日だ」

　この数字はあり得るだろうか？　捜索救助が必要とされる事故の14パーセントが土曜日に起き、7パーセントが水曜日に起きるなら、残りの79パーセントが残る5日間に散らばっているはずだから、それらの曜日の最小値は約16パーセントになる。それならば、その5日間のうちの少なくとも1日は、土曜日より忙しくなるはずだ。記事はどこかで間違っている。土曜日が、1週間で最も多忙な曜日であると同時に、残る5日間の平均より忙しくないことは、あり得ないからだ。

Lesson 8
高すぎる精度に気をつける

「Huluのユーザーは、その年の最初の90日間に7億時間分のコンテンツをストリーミング再生した。日数で割ると、1日あたり平均7,777,777.78時間にあたる」
（ブログ投稿、2016年8月）

「彼はアルプス山脈にある1万3123フィートを超える82の高峰すべてを、62日間で制覇した」
（ある登山家に関するさまざまな話、2017年5月）

　これら2つの引用文を読むと、含まれている数字に目がとまる。いくつかの数字が、とても正確に書かれているからだ。**これらの数字は、数字オンチの一種である「まことしやかな精**

度」の格好の例になる。実際よりも高い精度で書かれている数字だ。

「まことしやか」とは、表面的にはもっともらしく思えるが実際には間違っていて、人を惑わす見かけをもち、とくに人を惑わすほど魅力的なことを意味する。

　まことしやかに正確な数字は、ふつうは無知と怠慢が組み合わさった証なのだが、ときには見る人を誤った方向に導こうとしている場合もある。いくつかの例を見てみることにしよう。

8.1　計算機に注意！

　Hulu ストリーミングの1日あたりの時間数について考えてみよう。Hulu はビデオ・オンデマンド・サービスで、会員は1000万人を超えている。もし100日間に7億時間のストリーミング再生があったなら、1日あたりでは700万時間だ。期間が90日間なら、全体を100ではなく90で割ることになるので、再生時間の長さはおよそ10パーセント増える。もし私が1日あたりの再生時間数を計算したければ、その方法をとるだろう。

　だが上記の投稿に記載されている値は、明らかに計算機を使って計算されたものだ。図8.1 に、7億を90で割った結果の表示をそのまま示した。（私は最初、手持ちの Mac に入っている計算機プログラムを使ってこの計算をやってみたのだが、小数点以下の桁数がデフォルトの設定になっていたせいで、小数点

のあとに意味のない15桁もの数字が
並んだ：7777777.777777777777778！）

　この計算に用いている元の数値の有
効数字はせいぜい1桁で、7億（6億
より多く、8億より少ない）と90日
だ（うるう年以外では1年のうちの最
初の3カ月はちょうど90日だから、
「90」は正確な数値の場合もあるし、1
年のうちの4分の3の近似値にもな
る）。そのため、計算の結果として出
る割合の有効数字も1桁を大幅に上回

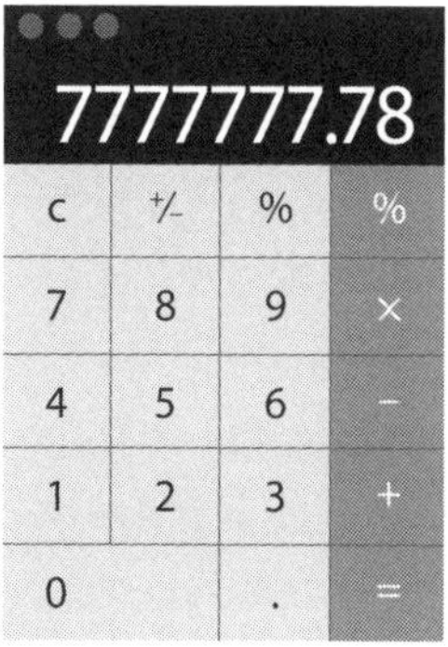

図8.1　7億を90で割った
結果

ることはあり得ない。この場合の結果を示すには、もっとよい
方法がたくさんある。たとえば、1日あたり700万時間、また
は800万時間、さもなければ770万時間、780万時間、あるい
は7.5ミリオン時間でもいいだろう。これらはすべて正当化で
きる値だが、**計算機の表示をそっくりそのまま写しとった9桁
の値や、インターネットで見つけた同様の細かい数字に正当化
の余地はない。**

　**計算結果には入力値で保証している桁数より多くの有効桁数
を表記してはならない、というのが基本ルール**だ。元のデータ
の正確さが1桁なら、結果にもそれを大幅に超えるような正確
さを期待してはいけない。

8.2　単位の換算で起こりがちなこと

　この章の冒頭にあげた2つ目の例について考えてみよう。正確だと思える数字が3つある——82の高峰、62日間、そして1万3123フィートだ。最初の2つはおそらく正確で、とくに峰の数や日数のようにかなり明確なものを数えている場合には、数字を正確とみなすことができる。だが、1万3123フィートは何か特別な数字だろうか？　登山者がこの高さにこだわり、たとえば標高1万3100フィートしかない峰を却下する理由が、何かあるのだろうか？

　その答えは、1万3123フィートが4000メートルに等しいという点にある。4000メートルという数字は切りがいい。**人は切りのいい数字を好む**。覚えやすいし、細部を過剰に示すことなく値の本質を伝えるからだ。だが、米国内の記者がアルプス登山者に関する記事を書いている状況を考えてみよう。ヨーロッパでは標高の単位はメートルだが、米国ではまだヤード・ポンド法を用いているので、アルプスに関する切りのいい数字をアメリカ人の読者に向けて変換しなければならない。そこで再び計算機が登場する。そして案の定、4000メートルをフィートに換算すると1万3123フィートをわずかに超えた値になる（図8.3）。

　これで問題は解決し、読者には情報がしっかり伝わったのだろうか？　そうとは言えない。**このような場合は両方の値を示**

図8.2　標高1万3123フィートを超えている？

すほうがわかりやすく、たとえば「4000メートル（1万3123フィート）の高峰」とすれば、より多くの情報を伝えることができる。またそれによって読者に知識をもたらすこともできる。

　この種のメートル法とヤード・ポンド法の換算は、米国ではごく一般的だ。たとえば2008年3月のニューヨーク・タイムズ紙の記事に、「ザ・ヨット・レポート」（普段私が読まない類（たぐい）の出版物）の編集者の「クルーザーが328フィートを超えると、大きすぎて居心地の良さが失われる」という言葉が紹介されていた。クルーザーの持ち主が次のように話す場面を想像

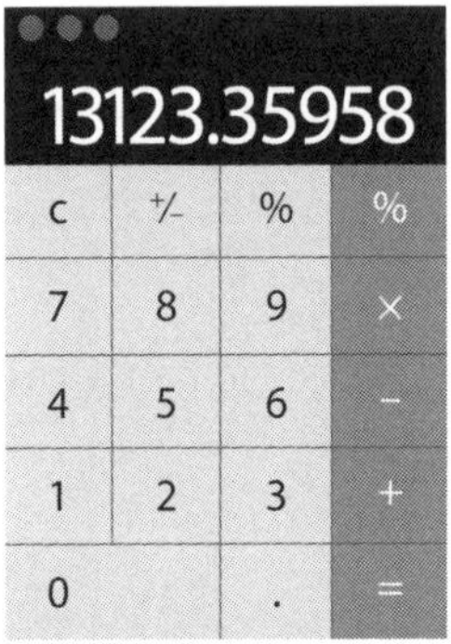

13123.35958

c	+/-	%	%
7	8	9	×
4	5	6	−
1	2	3	+
0		.	=

図8.3　4000メートルをフィートに換算した値

できる。「私はこれまで全長300フィートのクルーザーに乗っていて、これが実にすばらしかった。航海しているあいだに乗っている全員と、とっても仲良くなれたんだ。大がかりな家族の集いっていう感じでね。ところが新しく手に入れた全長328フィートのものは大きすぎて、誰が乗船しているかもよくわからない」。この328という数字は、いったいどこから来たのだろうか。もちろんこれは100メートルで、それなら日常の会話でよく使うような、実に切りのいい数字だ。もしこれがもともと米国から発信された話ならば、「300フィートを超える」または「100ヤードを超える」となっていたことだろう。

　328の倍数を見つける競争は、少しオタクっぽくはあるが、格好のパーティーゲームになる。たとえば、米国内の携帯電話に対するFCC（連邦通信委員会）の規制についての記事を見てみよう。そこには、「ハンドセットベースの技術を用いている通信事業者は、呼び出しの67パーセントの位置を164フィート以内の正確さで判断しなければならない。ネットワークベースの技術を用いている通信事業者は、呼び出しの67パーセントの位置を328フィート以内の正確さで判断することが許さ

図8.4　居心地のよい68メートル（223フィート）のクルーザー

れる」と書かれている。一方、インドの空港にある滑走路の幅についての記事には、「その滑走路の幅は656フィートだが、インド政府の基準は984フィートになっている」とある。メートル法に換算してみると、これらの数字はすべて50メートルか100メートルの倍数であることがわかるだろう。

　換算率には、ほかにどんなものがあるだろうか。技術系のニュースサイト「スラッシュドット」には、2013年に次の記事が掲載された。「フェラーリは史上最速のモデルを発表した。

およそ1000馬力のガソリンと電気のハイブリッド車、ラ・フェラーリで、時速0〜62マイルへの加速を3秒以内、時速0〜124マイルへの加速を7秒以内、時速0〜186マイルへの加速を15秒以内で実現する」。これらの、切りの「悪い」数字はどこから来ているのだろうか？ そう、フェラーリはイタリアの車だから、その速度は時速何キロメートルという単位で示されており、1キロメートルは0.62マイルだ。時速0〜100キロメートルへの加速にかかる時間は標準的な比較に用いられている。ただし時速0〜300キロメートルへの加速は、日常の運転からはかけ離れた自慢にも聞こえてしまうが。これでまたメートル法からのやみくもな換算の例が見つかった。倍数0.62も、私たちのコレクションに加えておこう。

　もちろん逆方向の換算もある。たとえばアルプスの4000メートル峰が興味深いのと同様に、米国内にも似たような数字があって、アディロンダック山地では46峰が歴史的に標高4000フィートを超えているとみなされてきた。そして予想通り、米国外では「標高1220メートルを超える」それら高峰についての記事が簡単に見つかる。あるいは医学誌「ジャーナル・オブ・トラベル・エディスン」に2009年に掲載された、捜索・救難活動に関する次の記事はどうだろう。「最も頻繁に救難活動を行う環境は、標高1524メートルから4572メートルまでの山岳地帯だ」。これは5000フィートから1万5000フィートに該当する。

　次は兵器に関する記事だ。「自動小銃 M16A1 は、重い M855
弾を安定して飛翔させるだけの十分な回転を与えることができ
ないため、訓練や実戦で利用すると不安定で不正確なパフォー
マンスをする。それはいざというときのみ、その場合も 91.4
メートル以内の短距離のみに使用すべきだ」。もし私が攻撃に
さらされるとしたら、「91.4 メートル」などという半端な距離
ではなく、もっと切りのいい数字——アメリカンフットボール
のゴールライン間の長さ（100 ヤード）——を思い浮かべたい
にちがいない。

　最後に、私が近くのおもちゃ屋で撮影した写真を図 8.5 に示
した。これもメートル法からの換算の例になる。

　メートル法とヤード・ポンド法の長さの換算でやみくもな計
算が多いとするなら、メートル法とヤード・ポンド法の重さの
換算でも同じことだ。2016 年 4 月のデイリー・メール紙に掲
載された次の記事を見てみよう。「アップルは昨年、リサイク
ルされた電子機器から 2204 ポンドの金を回収した……これは
金額にしてちょうど 4000 万ドルに相当する」

　4000 万ドルは切りのいい数字なのだが、これまでの例を見
てきて敏感になったとおり、2204 は異常に細かすぎるように
思えないだろうか？　たしかに細かい数字だ。1 キログラムは
2.204 ポンドなので、メートル法の重さをヤード・ポンド法の
重さに変換する場合には 2.2 と 2.204 の倍数が見つかる。元の
値はきっと 1000 キログラムで、金の価格は 1 キログラムあた

図8.5 まことしやかに正確なヤード・ポンド法からメートル法への換算

り約4万ドルだったにちがいない。

　この記事はさらに、「アップルは銀を6612ポンド、銅を295万3360ポンド、鉄を2310万1000ポンド回収した」と続く。最初の2つは2204の倍数で、3番目の値は何か別の過程を経て、過剰な精度が生じている。

　麻薬の押収に関する記事でも重さの換算がよく見られ、2017年には次のような見出しがあった。

「マリファナ22ポンドを所持した男性に執行猶予の判決」
「自宅で22ポンドのコカインが発見されたために2人を逮捕」
「交通違反車両の職務質問で44ポンドの覚せい剤を発見」
「交通違反車両の職務質問後にコカイン55ポンド、75万ドル相当が見つかった」

　22ポンド、44ポンドという値の元が、10キログラム、20キログラムだったことはほぼ間違いない。最後の55ポンドは25キログラムを四捨五入した切りのいい値で、1キログラムあたりは切りよく3万ドル、末端価格も切りよく75万ドルということだろう。

　ヤード・ポンド法に関して逆方向の麻薬の換算もあり、2017年5月の記事には、米国沿岸警備隊が「推定454キログラムのコカイン」を押収した経緯が書かれているが、これは間違いなく1000ポンドから換算された値だ。

図8.6　Rhymes With Orange © 2008, Hilary B. Price. Distributed by King Features Syndicate.

8.3　温度の換算は難しい

　これまでの例はすべて単純な掛け算ですんでいた——重さなら2.2倍、長さなら3.28倍すればよかった。それに比べると**摂氏（℃）と華氏（℉）のあいだの温度の換算はもう少し複雑になる**。摂氏0度と華氏0度とが一致していないからだ。そのために、これまでとは異なった種類の混乱が生じることになり、たとえばある気候変動のウェブサイトには次のような説明が登場する。

　「摂氏1度が華氏33.8度に等しいなら、摂氏0.5度は華氏17度に等しいことになるだろう。つまり摂氏1度は華氏33.8度に等しいのだから、1980年ごろから気温上昇の傾向が続いて、現在までの平均気温上昇がわずか0.5℃であっても、華氏では約17度上昇したことになる。エアコンの温度設定を17度上げて、その違いを感じてほしい」

　この文が言いたいのは、摂氏0.5度の気候変動は華氏では17度という大幅な変化になり、すぐに気づくはずだから、気候変動は事実ではあり得ないということだろう（あるいは、実に明白だと言いたいのか——私には書いた人の意図がよくわからない）。

　また、登山に関する本から抜き出した次の一節も、まったく

同じ問題を抱えている。「標高が 100 メートル（330 フィート）
上がるごとに、気温は約 1℃（33.8°F）下がる」

　ここで生じている混乱は、Lesson 6 で取り上げた「平方フィートとフィート平方」の問題と言葉の上でよく似ている。摂氏1度（特定の気温）と摂氏の 1 度（2 つの気温の差）の違いだ。

　実際には、気温が摂氏で 1 度変化すると、華氏では 1.8 度の変化に相当する。つまり、気温が 1℃ から 2℃ に上昇すると、33.8°F から 35.6°F になる。もちろん逆でも同じことだ。

　温度の換算は単純な掛け算ではないから、注意が必要で、正しく変換するには少し複雑な考え方が必要になる。

8.4　ランキングは当てにならない

　「プリンストン大学は全米総合大学ランキングで第 1 位を獲
　得した。各大学は、広く認められた一連の評価指標に基づく
　実績でランクづけされている」
　（US ニューズ誌、2017 全米総合大学ランキング）

　実力が評価されて公の場で認められるのは、いつでも嬉しいものだ。プリンストン大学は私がそこで教えはじめた 1999 年以来、私が特別研究期間で休んでいた年と、US ニューズ誌が事務的な誤りで 2 位にしてしまった年を除いて、毎年全米で第 1 位にランクされている。

　もちろん、プリンストン大学がこの国で最高の大学だと言うのはばかげたことだ。学生に多くのことを提供するすぐれた大学ではあるが、多くのすぐれた学校の1つにすぎないのであって、ある学生にとってはとりわけ満足できる特徴が、別の学生にとってはそれほど重要ではないかもしれない。

　大学ランキングは、よくある細かすぎる計算を取り入れている例の1つだ。人気を博しているもう1つの例として、住む場所のランキングをあげることができる。「住みやすい街ランキング」で検索してみれば、住んだり働いたりする場所としてとりわけ魅力的だとみなされている街について、数えきれないほどの記事が見つかるだろう。ところが驚くことに、あるいは当然のことながら、その結果はほとんどバラバラだ。私が検索で見つけた最初の6つのリストで、上位5つの街がそっくり一致していたものは1つもなかった。

　こうしたランキングが決まる過程は、大まかに見れば単純なものだ。まず重要だと考えられる要素を決定する——大学の場合は、授業料、共通テストの成績、クラスの規模、奨学金の充実度など。街の場合は、住宅費、学校の質、公共交通機関、文化的施設など。そして各要素のデータを集め、それを数値に変換する。さらに、各要素に重みをつける——学校のスコアならテスト結果は25パーセント、基金の規模は10パーセント、といったところだろうか。重みづけした各要素の値を合計することで、それぞれの学校や街に対して1つの数値を求め、それを

大きい順に並べる。リストの最上位にある名前が、通うべき最高の学校、住むべき最高の街、というわけだ。

　この過程を見れば、学校や街のランキングがほとんど一致しない理由は明白だろう。あまり当てにならないデータを集め（住宅費や教育の質を、どうすれば判定できる？）、数値ではないデータを数値に変換し（文化的施設を数値であらわす？）、任意の重みをつけてそれらを合計する（なぜ20パーセントと15パーセントではなく、25パーセントと10パーセントなのか？）。当てにならないデータに任意の重みづけを加えれば、疑わしい結果のレシピができあがる。

　プリンストン大学が常に上位にランクされる理由の1つとして、USニューズ誌のランキングでは、卒業生からの寄付の割合に基づいた指標が重視されている点をあげることができる。プリンストンの卒業生は並外れて愛校心が強く寛大で、全体のおよそ3分の2が毎年寄付をしているから、もし卒業生の愛校心が唯一の要素ならば、プリンストン大学はこのグループで常に1位を獲得できるだろう。

　もちろん、ランキングにひとかけらの真実もないというわけではないが、**特定の順位にあることを信頼しすぎるのはばかげており、隣り合った上下関係をそのまま信じる理由はまったくない。**
「プレイシズ・レーテッド・アルマナック」はかつて毎年発行された「年鑑」で、気候、住宅費、犯罪発生率、公共交通機関

など9つの要素に基づいて、全米329の大都市圏の住みやすさをランクづけしていた。すると1987年に、ベル研究所に所属する4人の統計学者が「『プレイシズ・レーテッド・アルマナック』のデータの分析」という論文を発表した。著者たちはこの論文で、用いられている要素の重みを適当に調整すれば134都市のどれでも1位にできる、また150都市のどれでも最下位にできることを示したのだ。さらに驚くことに、59の都市は適切な重みを選ぶことで1位にも最下位にもなったという。それからというもの、私は重みづけされた複数の要素に基づくランキングを見るたびに「プレイシズ・レーテッド」と自分に言い聞かせ、その結果をとても懐疑的に扱っている。

8.5　まとめ

「実験的観察によって保証される限度を超えた精度で数値データが引用されていれば、科学的無教養の最も確実な指標になる」
（ピーター・メダワー、ノーベル賞を受賞した生物学者）

　数字が非常に高い精度で書かれている場合、それは低い精度で書かれている場合よりも何らかの点で正確であることを示す。だからその数字は、より重要、あるいはより意味のあるものだ。根拠のない権威を無意識のうちに身につける。

精度と正確さは同じものではない。ある友人と、アマゾン・エコーのアレクサとの会話を聞いてみよう。

　友人「アレクサ、今日の雪の予報は？」
　アレクサ「今日は雪がとても降りやすいでしょう。雪の確率は 78 パーセント、およそ 0.73 インチの積雪が見込まれます」
　友人「すごい、彼女は実に正確だ」

　アレクサが伝えた数字はたしかに高い精度になっているが、これまで天気予報を利用してきた経験をふまえれば、それがあまり正確でないことはわかるはずだ。
　数字が詳しすぎても当たり障りのない例の 1 つは雑誌の表紙で、**難しそうで目を引く数字が好んで用いられる**。たとえば、「ほとんどすべてを安く済ませる 43 の方法」（コンシューマー・レポート誌）や、「487 のホットなニュールック」（ハーパーズバザー誌）といった具合だ。こうした見せかけだけ詳しい数字のほうが切りのいい数字より雑誌の売れ行きをよくすることが、市場調査によってわかっているにちがいない。
　新聞にも、注目を集めるための「詳しい数字」が見受けられる。

1,101,583,984.44 ドル
「カナダで未払いになっている証券関連の罰金は総計でこれ

だけの金額に達することが、グローブの調査によって判明した。規制当局は毎年1億ドルの罰金を新たに課して厳罰に処することを明確にしているが、徴収できているのはごくわずかだ」

（トロント・グローブ・アンド・メール紙、2017年12月22日）

「有効」数字が12桁もある驚くほど詳しい値が、高さ1センチを超える大きな活字で新聞に掲載されたのだから目立ったことは間違いなく、確実に読者の注目を集める方法になっただろう。記事では、当然支払われるべき罰金のうち規制当局によって徴収された部分が、いかにわずかであるかを説明し、この新聞社が過去30年分の記録を徹底的に調べて計算した罰金総額を示している。

　だがこの精度は少々怪しい——記事は次のように続いていくからだ。「ただしグローブ紙では、未納の罰金に関する過去の完全なデータを、すべての規制当局から入手することはできなかった。そのために実際の総額はさらに大きいものと思われる」

　実際の総額がさらに大きいものと思われるなら、なぜ12桁なのだろうか？　おそらくこれだけの数字が並んでいるほうが、「証券関連の罰金では10億ドル以上が未納」といった平凡な見出しより、注目を集めるからだろう。

　過度に詳しい数字の多くは、異なる単位系の値を機械的に変換したことから生まれる。さもなければ、計算機に表示された数値を何も考えずにただコピーしたもので、たいていは元の数値の精度（あるいはその不足）をまったく考慮に入れていない。どちらも避けるべきものだ。

　おおよそのデータを、ときには数値ではないものまで含めて、任意の重みづけ係数を用いて集計すれば、ランキングが生まれる。**ランキングの値は活発な議論のスタート地点としては使えるが、意味のある結論を導くためにはほとんど役に立たない。**ランキングの企画は、話半分で読む必要がある。

図8.7　DILBERT © 2008 Scott Adams, Inc. Used by permission of Andrews McMeel Syndication. All rights reserved.

Lesson 9

統計はウソをつく

「エール大学の 1924 年度卒業生の平均年収は 2 万 5111 ドルだ」

（ダレル・ハフ『統計でウソをつく法』1954 年）

　ダレル・ハフのすばらしい著書で最初に紹介されている例からはじめることにしよう。この本は統計のごまかしを伝えるすばらしい入門書で、60 年以上前に出版された当時はもちろんのこと、今読んでもなお有益で楽しい。

　ハフがつけた書名は、**「世の中には 3 つのウソがある。ウソ、真っ赤なウソ、統計だ」** という有名な警句を暗にほのめかしている。この警句は、1874 年から 1880 年までイギリスの首相を務めたベンジャミン・ディズレーリの言葉とされることが多い

が、はじめて登場したと記録されているのは1891年で、ディズレーリが1881年に世を去っただいぶあとのことだ。

最初に言ったのが誰であれ、また意識的かどうかは別にして、**統計を利用すればどれだけ誤った方向に導くことができるかを伝える、筋の通った皮肉である**ことには間違いない。この章でいくつかの例を見ていくことにしよう。これはもちろん統計の本ではないのだが、読者のみなさんが統計を理解する上で役立つかもしれないので、まず統計の基本的考えをいくつか示しておく。

9.1 平均値 vs 中央値

ハフは2万5111ドルという値について、2つの不満を述べた。1つ目は**「驚くほど詳しい」**ことで、これはLesson 8のテーマと呼応する。この数値は、誰かが大勢のエール大学卒業生の年収を調査し、金額を合計してから回答者の数で割った値だと想像できるものだ。それは、何も考えずに計算機を使うことに関する前章の話に似ていないだろうか?

私は自分の年収を、おおよその金額がわかっているとしても正確には覚えていない。税金の申請時には、より正確な数字を書き込むが、それでもまだ厳密な数字ではないだろう。読者のみなさんも似たような状況だと思う。

だが、同窓会誌の調査用紙に記入する場合に、税務署に申告

するような多少とも詳しい数字を書くだろうか？　もちろん書かない。わざわざ回答するにしても、おおよその額を思い出して、有効桁1桁か2桁という数字に四捨五入するだろう。おおよその金額を大量に合計し、その平均値をドル、ポンド、ユーロという単位に四捨五入すれば、まことしやかな精度の、うってつけの例になる。

　もう1つ重大な問題となり得る点がある——**グループの中に飛び抜けた値（外れ値）がいくつか含まれている場合で、そのような数個の値によって平均値が大きくゆがめられる**ことがあるのだ。たとえば、過去40年ほどのあいだにハーバード大学を中退した人たちの平均純資産額を計算したいとしよう。私は、大学を中退した人たちは4年間の勉強を終えて卒業した人たちより平均的に資産額も少ないように推測するのだが、著名な例外が2人いる。マイクロソフトの創業者ビル・ゲイツと、フェイスブックの創業者マーク・ザッカーバーグで、この2人を合わせた純資産額は少なくとも1500億ドルになる。

　では、この期間のハーバード大学中退者は何人いるだろうか？　この大学には6600人の学部生がいるので、毎年およそ1650人が入学することになる。（リトルの法則を思い出してほしい）。ハーバード大学の4年間での卒業率はおよそ97パーセントだから、途中で挫折するグループはわずか3パーセントにすぎない。つまり毎年約50人、40年間では2000人だ。

　これらの相対的に不運な人たちの純資産を1人10万ドルと

仮定すると、合計では2億ドルになる。

　さらに、冒頭にあげたエール大学の記事と同じ考えをするなら、ハーバード大学中退者の純資産額合計は1502億ドルになり、これを2002人で割って、平均では75,024,975ドルだ。**この数字は技術的には正しいかもしれないが、大きな誤解を招きかねない。**それは、ほんの一握りの飛び抜けた値が含まれる場合の平均値で起こりがちな現象だと言える。

　こうした一連の数値の集まりの特性を示すには、もっとよい方法がある。**それは「中央値」で、グループのちょうど中央に位置する値を意味する。**中央値より小さい値と、中央値より大きい値は、それぞれ同じだけある。これまでに仮定してきた退学者の母集団の場合、中央値は10万ドルで、ゲイツ氏とザッカーバーグ氏の存在がそれに影響を与えることはなく、まだ別に数百人の富豪や多くの貧しい人が加わっても中央値は動かないだろう。

　「平均値」を見たら注意してほしい。**「外れ値」が結果をゆがめているかもしれない。**ごくふつうの算術平均は、たとえば非常に多くの人からなるグループの身長や体重のように、値が適度に分散している場合にはうまくいく。だが、大きく外れた値がある場合はそうはいかない。**そのような場合には中央値のほうが、全体をより適切に代表する統計値となる。**半数の値が中央値より下にあり、半数の値が中央値より上にある。

図 9.1　平均的なハーバード大学中退者？

「ハーバード・カレッジの成績中央値は A⁻ で、最も頻繁に
与えられる評価は A だ」
（ハーバードクリムソン紙、2013 年 12 月 3 日）

　もう 1 つの固有値に「モード」（最頻値）がある。最も頻繁
に出現する値で、ハーバード大学ではモードが A ということ
になる。

9.2 標本バイアス

「AARP誌によれば、調査対象となった55歳以上の人々の
約48.7パーセントが、調査に参加することが好きだと述べ
た」

（ニューヨーク・タイムズ紙、2005年11月12日）

　ハフはエール大学1924年度卒業生に関する調査を別の面で
も観察し、報告された平均年収は「あり得ないほど高額だ」と
書いた。現代の感覚では2万5000ドルは最低限の賃金に聞こ
えるが、1954年のドルを2018年のドルに（usinflation.orgを
用いて）換算してみると、23万ドル程度になる。

　ハフは、調査の回答者が成功者に偏っていたのだろうと推測
している。成功しなかった卒業生は自らの失敗を同級生に知ら
せる気にならないだろうし、成功者より見つけ出すのが難しか
った可能性もある。その結果として平均値は偏った標本（サン
プル）──比較的成功を収めていた卒業生──をもとにしてい
た可能性がある。

　同様の注意はAARP誌が出した結果にも当てはまる。この
調査に参加した人々の半数弱が調査に参加するのが好きだった
なら、半数以上が調査に加わるのが好きではなく、最初から参
加を拒否した人々が数多くいたとみなせるのは確実だ。人口全
体から見れば、調査に参加するのが好きな人の数はもっと少な

いように思える（調査対象となった人数も明らかになっていない。標本の大きさが小さいほど、その調査の意味も小さくなるようだ）。

　標本バイアスまたは標本誤差は、多くの予測失敗の中心となっている。最も有名なものの1つは、1936年の米国大統領選の世論調査だ。リテラリー・ダイジェスト誌は、共和党候補のアルフ・ランドンが過半数の票を得て当選すると予測した。調査の基礎となったのは1000万人の購読者に送られたアンケートで、そのうちの230万人が回答していた。ところが蓋を開けてみると、民主党のフランクリン・ルーズベルト候補が近代になって最大の支持率で勝利したのだ。

　それからというもの、統計学者や政治学の熱狂的ファンがこの世論調査の失敗について研究を重ねてきた。リテラリー・ダイジェスト誌の予測を失敗させた要因としては、この雑誌の読者層が共和党支持者に偏っていたこと、また一般市民より政治に強い関心を寄せていたことがあげられるようだ。そのために、標本がそもそも共和党に偏っており、調査の回答者には強硬な反ルーズベルト派が目立って多かった。標本は非常に大きいにもかかわらず、集団の典型からは程遠かったということになる。

　それに対してジョージ・ギャラップは、より適切な方法で選んだわずか5万人の潜在的投票者の標本に基づく予想により、この選挙で成功を収め、世論調査の世界に参入した。リテラリー・ダイジェスト誌は1938年に廃刊となり、ギャラップ調査

は現在に至るまで続いている。

　2016年の米国大統領選では、世論調査は1930年代よりもはるかに高度なものになっており、ヒラリー・クリントンが選出される可能性が高いというのが大多数の意見だった。ところが結果として、クリントンは一般投票の得票数ではおよそ300万票上回って勝利したものの、ドナルド・トランプが選挙人の数で勝利し、大統領に選出された。世論調査会社がトランプに投票した重要な有権者をどこかで見逃していたのか、有権者たちが世論調査に正直な回答を寄せなかったのか、あるいは投票者が最後の最後に心変わりしたのか？　統計学者や政治学の熱狂的ファンはこの選挙についても、今後長年にわたって研究していくことになる。

9.3　生存者バイアス

「『喫煙は命取り』というメッセージは、ただのウソだ。私はもう45年もタバコを吸っているけれど、まだ命を取られていない。それに実際のところ、この45年間というもの重い病気にかかったこともない。がんではない。心臓病もない。肺気腫もない。認知症もない。関節炎もない。なんにもない」
（ワードプレスのブログ、2016年）

「喫煙は、米国における予防可能な疾病と死亡の主たる原因
　であり、毎年48万人を超える死者を出している、または死
　者の5人に1人が喫煙によるものだ」
（米疾病対策予防センター、2017年）

　私たちは一生懸命に働けば裕福になれるのだろうか？　ビル・ゲイツとマーク・ザッカーバーグは裕福になった。自分は人一倍うまく株の銘柄を選べるだろうか？　ウォーレン・バフェットのような伝説的投資家たちは、何十年にもわたって投資に成功している。ヘビースモーカーで酒豪でも十分に長生きできるだろうか？　100歳を超える長寿の何人かはそう言っている。

　だが、**こうした例をすべての人々に当てはめることはできない**。彼らは「生存者バイアス」の例――グループ内の典型的なデータではなく、難しいことを切り抜けた場合から慎重に選んだデータを、すべての人に当てはめようとする例――だからだ。**もっと正確な、それとは異なる結論に導くはずのデータが、生き残っていないために母集団から除外されてしまった**。一見したところ健康なブロガーは幸運な生存者であって、喫煙が無害なことを示す証拠ではない。

9.4　相関関係と因果関係

　最もよく起きる統計的な間違いの1つに、因果関係を見誤る
ものがある。**2つのものが互いに比例して変化しているように
見えるというだけで、一方が他方の原因になっているとは限ら
ない。**tylervigen.com/spurious-correlations というとてもおか
しなウェブサイトがあって、そこでは因果関係がまったくない
相関関係を山ほど紹介している。たとえば、2000 年から 2009
年までのメイン州の離婚率はマーガリンの1人あたり消費量と
ほとんど完全に相関しているし、米国でのペット関連支出額は、
カリフォルニア州の弁護士の数とほとんど完全に相関している。

　この2つの例はまったく無意味だが、次のものはどうだろ
う？

　「炭酸飲料は13歳から19歳までの若者の暴力を助長すると
　いう研究結果が出ている」
　（ワシントン・ポスト紙、2011 年 10 月 23 日）

　この記事はさらにこう続く。「ノンダイエット炭酸飲料の飲
みすぎは、銃やナイフの持ち歩きおよび仲間、家族、パートナ
ーへの暴力と密接な関連があった」。この研究は小規模な標本
（ボストンの 1800 名の生徒）に基づくもので、その点だけでも
すでに少々疑わしいが、ほんとうの問題は多種多様な別の要因

にある。たとえば標本の社会・経済的地位が低ければ、それだけですぐに暴力的な傾向と乏しい飲食を選択する説明がつく。この研究は何らかの相関関係（密接な関連）を見つけたわけだが、それを新聞の見出しが誤った結論——炭酸飲料が「暴力を助長する」——に変化させてしまった。相関関係を因果関係に変えてしまうこの種の飛躍はニュースではありがちだから、注意を払う必要がある。

　基本原則は、**「相関関係は因果関係を意味しない」**ということだ。喫煙とがんリスク上昇のあいだの強い相関は長年にわたって観察されていたが、細胞が損傷を受けるという仕組みが十分に解明され、喫煙がどのようにがんを引き起こすかをはっきり説明できるようになるまでには、しばらく時間がかかった。気候変動、日常の食事に含まれている糖分の過剰、そのほかさまざまな問題についても、同じ過程を経ているように思える。

9.5　まとめ

　統計という分野は幅広く、適切に利用するには訓練と経験が求められる。この章では、正しくない統計的な主張や論法にまどわされることがないよう、身を守るために最低限必要とされるわずかな項目のみを取り上げてきた。

　算術平均は一連の数値の特性を明らかにするために役立つが、中央値のほうが適切なことがある。中央値は一連の数値のちょ

うど真ん中にあたる値で、ゲイツ氏やザッカーバーグ氏のような極端な「外れ値」の影響を受けにくいからだ。

ほとんどの統計値は、グループ全体ではなくて、ある母集団の標本に基づいている。そのため、標本がそのグループを真に代表するものになっていないと、深刻な標本誤差が生じる可能性がある。もちろん世論調査会社はこのことを知っているのだが、それでも配慮が十分に行き届かず、母集団全体に当てはまらない標本から結論を導きがちだ。

生存者バイアスはもう１つの標本誤差になる。意識的か無意識かにかかわらず、関連があるとは思えないまたは現在は母集団に含まれていないというだけの理由で一部の項目を除外してしまうと、まぎらわしい結果、多くの場合は楽観的すぎる結果につながることがある。

相関関係は因果関係を意味しない。２つのものが互いに歩調を合わせて変化しているように見えるからと言って、一方が他方を引き起こしているとは限らないのだ。両方に影響している第三の要因があるかもしれないし、離婚とマーガリンのように、単なる偶然の一致かもしれない。

図9.2　相関関係 © 2009, Randall Munroe, xkcd. Source:
http://xkcd.com/522.

Lesson 10
トリック・グラフの見抜き方

「しかし、誤解を招くグラフのほうがはるかに効果がある。そこには客観的だという錯覚を邪魔する形容詞や副詞が含まれていないからだ。自分のせいにされるようなものは何もない」

（ダレル・ハフ『統計でウソをつく法』1954 年）

『統計でウソをつく法』は、誤った方向に導いたり欺いたりするために広く用いられているグラフ作成の手法もいくつか紹介している。**現在ではコンピューター、エクセルのようなグラフ作成ツール、フォトショップのような画像操作ツールがあるので、60 年前よりはるかに高度な策略で欺くことが可能**だ。ハフがこの古典的名著を最新版に書き換えるとするなら、新しい

素材を山ほど見つけていただろうと想像できる。

この章では、そうした策略をほんの少しだけ見ていくことにしよう。そのほとんどがハフによって取り上げられているものだ。例をいくつか見ておけば、あらゆるところで似たようなものが目にとまるようになり、読者のみなさんがだまされないよう身を守るのに役立つだろう。そしてこれまで説明してきたいくつかの項目と同じように、世の中で実例を発見するのは楽しいから、ニュースを読んだりインターネットで検索したりする際に真偽を見分ける力が高まったと感じるかもしれない。

10.1　びっくりグラフ

2010年5月6日、米国株式市場は株価の急落に見舞われ、その暴落は今では「フラッシュクラッシュ」と呼ばれている。次のグラフでは、縦軸がダウジョーンズ株価指数、横軸が時刻になっている。

このグラフでわかるように、株価は午後2時45分ごろにほとんどゼロに近いところまで落ち込んだあと、午後4時に取引が終了する時点では落ち込む前の4分の3ほどの価格まで戻している。株価の急落は、ほんの短い時間だった。

ところがこのグラフをよく見てみると、縦軸の原点がゼロではなく、9800になっていることに気づくだろう。原点をこの値にすることで縦軸の目盛りを大幅に誇張し、実際よりもはる

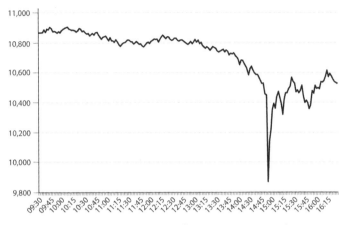

図10.1　2010年5月6日の「フラッシュクラッシュ」

かに大きい変化があった印象を与えている。だからハフはこう
したグラフを「びっくりグラフ」と呼んだ。

　縦軸の原点をゼロに戻すと図10.2のようになり、下落はそ
れほど劇的なものではなくなる。投資家にとってはまだゾッと
するような図かもしれないが、新しいグラフでは下落率が最大
でも10パーセントに満たず、最終的には3パーセントを少し
超えたくらいですんでおり、世界の終わりではないことがわか
る。

144

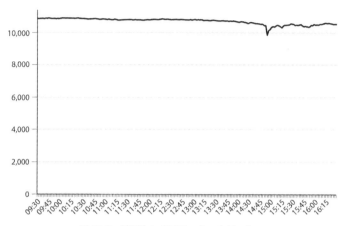

図10.2　誇張なしのフラッシュクラッシュ

　びっくりグラフは、いつもこれほど劇的なものとは限らない。たとえば図10.3は、ツイッターの月間アクティブユーザー数の増加を100万人単位で示したもので、ツイッターが2013年の株式公開に先立って米証券取引委員会に提出したフォームS1から作成した。

　このグラフではユーザー数が15カ月間で3倍に増えているように見える。右端の棒の高さが左端の棒の高さの約3倍になっているからだ。だが縦軸の原点を100からゼロに変えてみると、印象は大きく変わる。138から215への増加は、実際には1.56倍だ（図10.4）。

『定量情報の視覚表示』（1992年）の著者、エドワード・タフ

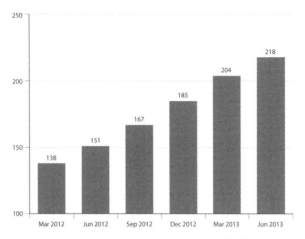

図10.3　ツイッターのアクティブユーザー数

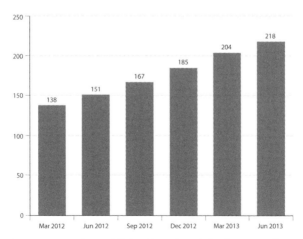

図10.4　ツイッターの成長を示す、それほどびっくりしないグラフ

トは、ゼロ値を示すべきかどうかについて異なる考えをもっている。

「一般的に時系列では、基線を用いてゼロ点ではないデータを示す。データをプロットする上で合理的にゼロ点が出現するならかまわない。だが、データを示す線で何が起きているかを見えにくくするという犠牲を払ってまで、ゼロ点とのあいだに縦方向の無駄なスペースを広くとってはならない（この点では、『統計でウソをつく法』は間違っている）」
（www.edwardtufte.com/bboard）

唯一の正しい答えというものはないが、**びっくりグラフは小さい相違を大きく見せること、それは往々にして見る者の目を欺くことを知っておく必要がある**。よかれと思ってするのかもしれないが——何しろ、グラフでまったく変化のない部分が大きく広がっていれば見る者の目を引かず、目盛りを拡大すれば細部が見えやすくなる——私にはまだ疑わしく思える。

10.2　途中で切れているグラフ

前述のようなグラフで、縦軸の原点はゼロになっているとしても、**下の方に小さな波線がついている**のに気づくことがあるだろう。波線は軸の目盛りが一部抜けていることを意味し、そ

こから上は「びっくりグラフ」と同じ状態になっている。データの中断部分は、図 10.5 の例では非常にはっきり示されているが、問題点がもっと見えにくい場合もある。

　頻度は低いものの、縦軸と同じように横軸にも中断部分があるグラフも用いられ、場合によっては横軸の目盛りが均一ではないものも見かける。その場合、グラフが実際よりもなだらかになりやすく、現実の状況より均一な変化を示すことになるので、とりわけ悪質だ。絶好の例を Lesson 11 で示している。

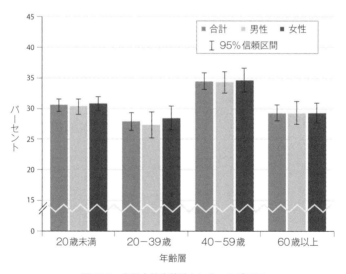

図10.5　米国立健康統計センターのグラフ

10.3　遠近法で描かれた円グラフ

　円グラフは多くの場合、何らかの全体を、共通の要素をもたないいくつかの部分に分けて示すために用いられる——それぞれの扇型の面積が円全体に占める割合に対応する——ものだが、**事実を曖昧にしたり偽って伝えたりするのに有効な方法**でもある。たとえば遠近法を用いて描かれた円グラフは、最もありがちな問題を含んでいる。この方法では**実際の面積と見かけの面積が異なり、手前にある扇型のほうが大きく見えてしまう**からだ。

　図10.6に示した2つのグラフを見てほしい。両方ともまったく同じデータをグラフにしたもので、4つの値は等しく、それぞれの扇型は全体の25パーセントを占めている。そして左のグラフでは、各部分の大きさが全体のちょうど4分の1になっており、そのことが正確に表現されている。だが右のグラフはデータを誤って伝えている——なぜなら下の2つの部分の見かけが、上の2つの部分よりずっと大きくなっているからだ。

　もちろん円グラフ内の値は、合計で100パーセントになっていなければならない。図10.7に示した例は、どう判断すればよいのだろうか。これはFOXニュースの映像だが、3人の候補の支持者が合計で193パーセントになる。

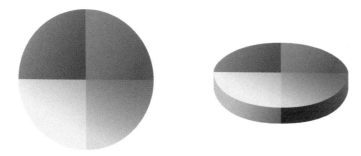

図10.6　同じデータを示す2つの円グラフ

2012年共和党候補の支持者

■　63% ハッカビー

■　70% ペイリン

■　60% ロムニー

図10.7　実に幅広い支持？

10.4　誇張された絵グラフ

　米国には、低所得世帯の学生が大学に通えるように連邦政府が奨学金を支給する、「ペルグラント」と呼ばれる制度がある。図10.8に示した絵は2016年にプリンストン大学のプレスリリースに掲載されたもので、ペルグラントの受給資格をもつ新入生の数が2008年のクラスから2020年のクラスまでのあいだに大幅に増えたことを示している。

　ほんとうだろうか？　絵を無視して数字だけに注目すると、新入生のうちでペルグラントの受給資格をもつ学生の割合が、12年間に7パーセントから21パーセントまで増えたことがわかる。3倍という数字はたしかに大きいが、**画像にある2つの円の視覚的効果は、制度の改善を誇張している**。Lesson 6で見

図10.8　ペルグラントの受給資格をもつ学生が大幅に増加！

たように面積は半径の2乗の割合で増加するから、右の円の面積は左の円の面積の9倍あるし、文字もはるかに大きい。これを何気なく目にした読者は、正確な「3倍」ではなく、桁違いで増加した印象を受けるだろう。

　これは、ハフが**「絵グラフの効用」**と呼んだものの例だ。線形に表現すべきデータ値が、面積や、ときには体積をもつ絵で示されていることがある。絵グラフはただ印象を強めるために使われることが多いが、ときには平凡な数字をおもしろく見せようという誤った意図をもつこともある。図10.8を、図10.9に示した最低限の必要を満たすグラフと比べてみよう。図10.9

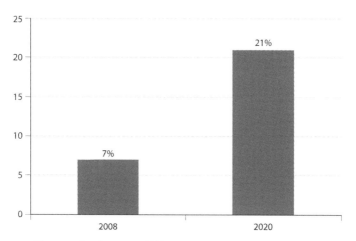

図10.9　ペルグラントの受給資格をもつ新入生の割合が3倍に増加

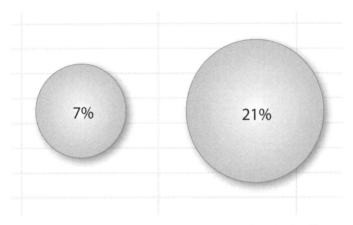

図10.10　ペルグラントの受給資格をもつ新入生の割合が3倍に増加

は2つの値を高さによって正確に表現している。

　ありきたりに見えるだろうか？　だが、このグラフが伝える情報は誤解を招かない。どうしても円を使いたいならば、図10.10に示すように値に比例した「面積」をもつ円にし、文字の大きさも変えないようにしよう。

　右側の円の面積は左側の円の面積のちょうど3倍だから、対応する数値を正確に表現している。

　もちろん、値が2つしかない場合にはグラフを用いる意味はほとんどなきに等しい。ただ「ペルグランドの受給資格をもつ学生は、2008年のクラスの7パーセントから2020年のクラスの21パーセントへと3倍に増えた」と書くだけで十分だ。

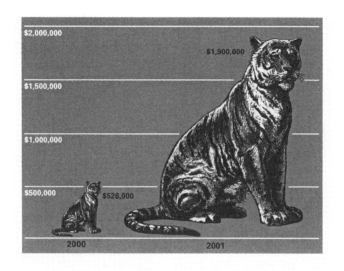

GRADUATE NEWS, SUMMER 2001

図10.11　夏季給付金の大幅な増加！

　線形の測定値を面積を用いて不正確に伝えるのは悪いことにちがいないが、もっと悪い表現方法もある。図10.11は、私がこれまで目にしたグラフのうちで一番のお気に入りだ。大学院生に対する夏季給付金が50万ドルから200万ドルとほぼ4倍になったことを、プリンストン大学のマスコットであるトラの高さで示している。

　この絵の内容はそれですべてだ――2つの数字があり、1つ

はもう1つの4倍になった。だが実際に絵を見ると、その増え方はとてつもなく大きい。線形の値が3次元のトラとして描かれているために、私たちの目はそれを4倍ではなく、体積である4の3乗倍になったととらえるからだ。右のトラは左のトラの64倍の重さをもっている。

10.5 まとめ

1枚の絵は1000の言葉に匹敵すると言うように、おそらく人を惑わす1枚の絵は人を惑わす1000の言葉に匹敵するだろう。この章では、数値データをグラフで表現する場合に、さまざまな点で誤った印象を与えるやり方があることを見てきた。だが、あらゆる例を取り上げたとはとうてい言えず、**現代の技術によって、よくも悪くも魅力的でよく目立つ多彩な表現方法を簡単に生み出せる**ようになっている。

たとえば図10.12のグラフの場合、円錐形（3次元の物体）によって見る者の目がそれほど惑わされることはない。底面がすべて同じ大きさで、体積が高さに比例しているからだ。ところが**縦軸の目盛りと円錐形の頂点の位置が少しずれているのが実にわかりにくい**。もし縦軸に記入されている数値が水平方向の線と一致しているなら、円錐形の1つ1つに数値を記す必要はなかっただろう。

では、気をつけるべきは何だろうか？　最も一般的なものは

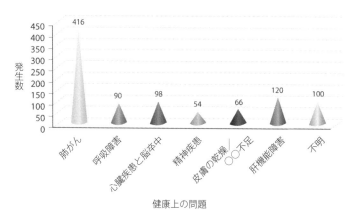

図10.12　わざとまぎらわしくしているのか、ただわかりにくいだけなのか?

「**びっくりグラフ**」で、データ値に該当する部分だけの縦軸が示されており、たいていは基線にあたる原点がゼロになっていない。そのようなグラフは変化を大きく見せる効果をもち、見た人に実際よりも重要だと感じさせる。縦軸に中断の印が記入されていて、一部の目盛りが省略されていることがわかるとしても、改善される度合いはわずかなものだ。

　ときには横軸についても同様で、横軸に沿った値の間隔が均一になっていないことがある。このような策略が用いられると、実際のデータに波があっても、グラフ上では滑らかで規則正しい傾向に見えてしまう。

　遠近法や立体効果を用いて描かれた円グラフには注意してほ

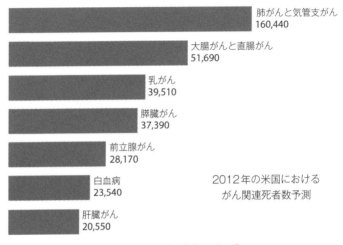

図10.13　がん関連死者数予測のグラフ

しい。そのような円グラフは情報を誤って伝え、手前にある扇型に該当する値を後方の扇型のものより大きく見せてしまう。

　さらに、**線形の値を示すのに面積や体積を用いている、1次元のグラフ**にも注意が必要だ。私たちの目には自然に面積や体積として映るので、誤った印象を受けやすい。

　明らかに疑わしい部分がなくても注意が必要だ。たとえば、図10.13のグラフをよく見てほしい。

　横軸に目盛りはないが、右端に示された数値を見るかぎり、この棒グラフの一番上の棒の長さは2番目の棒の3倍以上あっていいはずだ。そのほかの棒の比率は正しいように見えるから、

なぜ一番上の棒だけ任意の長さに縮めてしまったのだろうか。もしかしたら見た目を考慮し、1本の棒がほかを圧倒するようなグラフを避けたかったのかもしれない。だがそれでは、このグラフで伝えたい最も大切なメッセージが失われてしまう──実際には最初のカテゴリーである肺がんによる死者数が、それに続く4つのがんの死者数を合わせたよりも多いのだ。

　意識的に誤った方向に導こうとした場合も、単に見た目をよくしようとして見当違いの方法をとってしまった場合も含め、錯覚を起こさせるグラフの例にはこと欠かない。だがここでいくつかの代表例を目にし、そのことに気づいた読者のみなさんは、もうだまされない力を身につけたにちがいない。

Lesson 11
バイアスのかかった事実

「今日 1 日で 4000 人のティーンエイジャーがはじめてタバコを吸うだろう」
（ニューヨーク・タイムズ紙に掲載された広告、2005 年 11 月 18 日）

「毎日 5000 人のティーンエイジャーがはじめてマリファナを試す」
（ニューヨーク・タイムズ紙に掲載された広告、2005 年 11 月 4 日）

これら 2 つの新聞全面広告は、私の目を引いた。わずか 2 週間の間隔で掲載されたうえ、どちらもニューヨーク・タイムズ

160

紙の同じセクションの最終ページ全体を占めていたので、見逃すはずもなかったからだ。

　これらの内容がどの程度正しいか、評価できるだろうか？どちらも「一定の時間間隔ごとに何かが起こる」というカテゴリーに当てはまるから、**第一段階は「リトルの法則」の適用**になる。タバコを吸ってみようと思うティーンエイジャーは、必ず13歳の誕生日に試すと仮定してみる（私の場合もだいたいそのころに思い立ったが、さいわいにも母親に見つかって、とんでもなく厳しく叱られた。それについては感謝の気持ちでいっぱいだ）。

　1日に何人の子どもたちが13歳になるかを考えてみよう。これまでの章で、およそ1万1000人であることがわかったから、計算を簡単にするために1万2000人とする。ティーンエイジャーの3分の1がタバコを吸ってみようと思うなら4000人だ。冒頭の記述は妥当か、おそらく少し多めの数字だろう。CDC（米国疾病対策予防センター）によれば、2016年の喫煙者は成人人口の約15パーセントで、その後もさらに割合は減ってきているから、同じような広告をもしも今出すなら、人数はもっと少なくなるかもしれない。

11.1　誰が言っているのだろうか？

　こうした全面広告を出すには、誰かが相当の金額を支払う必要がある。誰が払ったのだろうか？　はっきりはわからないが、タバコに関する広告には「推薦：米国小児科学会、米国心臓協会、米国肺協会、米国医師会、全米PTA」という記載があった。並んでいるのは、多様な観点からこの公衆衛生上の大きな問題に関心を寄せている有力な支持団体ばかりだ。

　もう一方の、毎日5000人のティーンエイジャーがはじめてマリファナを試すという広告の場合は、見極めがもっと難しい。数字は大ざっぱに見て喫煙者の場合と同程度だから、一見すると無理のないものだが、マリファナを試してみようと思うのはもう少し遅くて、たとえば16歳前後ではないだろうか。

　私の場合、ティーンエイジャーだった時代にはマリファナはまだ存在さえしていなかったから、個人的な経験はまったくない。大勢の若者に意見を求めてみたが、これといって明確な答えは得られなかった。この数字は正しいのだろうか？　米国のほとんどの地域ではまだ法律で禁じられているマリファナを、18歳あるいは21歳になれば誰でも合法的に買えるタバコより多くの若者が試すことなどあり得るだろうか？　それに実際問題として、誰でもすぐ手に入れられるものだろうか？

　判断に役立つ方法の1つとして、この広告に資金を出しているのは誰かを確認してみよう。この場合も誰が広告料を支払っ

たのかはわからないが、紙面に記載された提供者は「薬物のないアメリカのための連携」となっている。タバコの広告の推薦者とは異なることに注目してほしい。どれだけ尊敬すべきものであっても、「連携」は1つの問題を支援するグループで、この場合は薬物中毒者を減らすことに重点的に取り組んでいる。彼らは、自分たちにとっての問題が重要かつ支援する価値のあるものだと思ってもらうことに関心があり、それを実現する方法の1つが、印象的で注目を集める数字を示すというものだ。

　2017年12月に米国立薬物乱用研究所（米国政府機関の1つ）が発表した報告書では、調査対象となった高校最上級生の22.9パーセントが過去1カ月間にマリファナを使用したことがあり、喫煙の経験があった生徒は9.7パーセントしかいなかったが、16.6パーセントは何らかの種類の電子タバコを使っていた。標本全体の人数は4万3700人だった。「連携」が示した数字は実際の範囲内である可能性が高い。

　ニュース報道は事実を中立の立場で公正に伝えるはずだが、何かに踊らされることもあり、もちろん**強烈な見出しはより多くの読者の目を引く**。そうした見出しの1つに、次のものがあった。

「国連の支援隊員が6万人をレイプ」
（ザ・サン紙、2018年2月12日）

　記事の内容はこうだ。「内部告発者によれば、支援活動の従事者による性的暴行が世界中で歯止めのきかない状態に陥っており、過去10年間に国連職員によるレイプが6万件にのぼった恐れがある」

　だが、2018年3月1日付のニューヨーク・タイムズ紙にアマンダ・タウブが書いたすぐれた記事が伝えたように、「それは恐ろしい数字である。それは注目を集める数字である。そしてそれは多かれ少なかれ、作られた数字でもある」。

　では、見出しの数字はどこからきたのだろうか？　まず2017年の国連報告書で、その前年に「国連の平和維持部隊による性的搾取の被害者が311人」いたことが伝えられた。元国連職員で、現在はそのような暴行に反対する活動に従事している人物が、国連の支援隊員には軍人と民間人の両方がいることを考慮してこれを600人に増やし、暴行の10パーセントしか明るみに出ていないという理屈をつけて10倍し、さらに10年分を数え上げるために10倍したものだ。ザ・サン紙はそれをもとにして特大の見出しを書いた──この数字の根拠があやふやだとわかるのは、記事を先まで読み進んでからだ。

11.2　なぜ注目しているのだろうか？

　「アメリカ拒食症・過食症協会によれば、毎年15万人のアメリカ人女性が拒食症で命を落としている」

（ナオミ・ウルフ『美の陰謀』1990年）

　これは目を見張るほどの数だ——拒食症は公衆衛生に危機を
もたらしていることは間違いない。だが、ほんとうにそうだろ
うか？　ここでも「リトルの法則」が救いの手を差し伸べてく
れる。毎年、何人のアメリカ人女性が命を落としているかを考
えてみよう。すでに推定したように、毎年およそ400万人のア
メリカ人が死亡し、その半数は女性だ。冒頭の引用文が正しけ
れば、拒食症が原因で世を去る15万人は、死亡する全女性の
10パーセント近くを占めることになる。

　明らかに、何かおかしい。拒食症と過食症は多くの若い女性
にとって深刻な健康上の問題であることは疑う余地のない事実
だが、この数字はアメリカ拒食症・過食症協会によって公表さ
れた元の情報を、誤って引用したものだったようだ。協会は約
15万人の「患者」がいると言っており、「死者」とは大きな違
いがあった。この引用の誤りが意識的だったかどうかは別にし
て、大きい数字を引用するときに単位を間違えれば、その数字
がひとり歩きしてしまうのはよくあることだ。たとえ一瞬でも
立ち止まって考えれば、そんな数字はこれっぽっちもあり得な
いことはすぐにわかるのだが（著者のウルフは1992年に出版
された『美の陰謀』のペーパーバック版では、この部分を削除
した）。

11.3　何を信じさせたいのだろうか？

　Lesson 10 では「びっくりグラフ」について考え、そのようなグラフでは縦軸の目盛りが拡大されているために、誤った印象が生み出される場合があることを確認した。また横軸でも似たようなことが起こり得るとも書いた。少なくとも私自身の経験では、縦軸ほど多くは見かけないのだが、**横軸の目盛りが均等ではないグラフもあり、それを作るには手間がかかるだけに、何かをわざと偽って伝えようという意図が強く感じられる**。図11.1 に示した画像はニュース番組で流されたもので、横軸が均等に区切られていない例になる。さらに縦軸も均等ではなくして、「びっくり」の効果を生み出している。

　ちょっと手を加えるだけで、このグラフの縦軸と横軸の両方を均等に区切り、原点をゼロに設定したグラフができあがる。その結果が図11.2 だ。

　新しいグラフでは、上昇傾向が元のグラフほど滑らかではないことがすぐにわかるし、時間の間隔も均等になっていない。失業率を示す元のグラフが創作上の特権を駆使して作られたのか、あるいは特定の大統領のもとでの失業について主張したいのかはわからないが、いずれにしても見る者を欺いている。

　銃規制も米国では激しい論争を引き起こしている問題で、全米ライフル協会のような強力な利益団体が、典型的な銃社会を生み出してきた。議会調査局が行った 2009 年の調査では、米

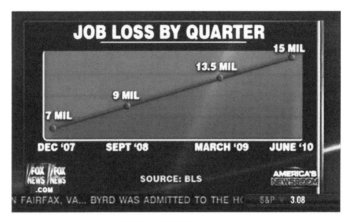

図11.1　横軸の目盛りが均等になっていない

国で民間人がもつ銃の数は人口とほぼ等しい。

　銃による死も日常茶飯事で、年間3万人をゆうに超える。多くの人々が不安を抱くのも当然のことだ。

「銃によって殺されたアメリカの子どもの数は、1950年から
毎年倍増してきた」
（ナンシー・デイ『学校での暴力──恐怖におびえながら学
ぶ』1996年）

　この驚くべき文章を私がはじめて目にしたのは、ジョエル・
ベストの『統計はこうしてウソをつく──だまされないための

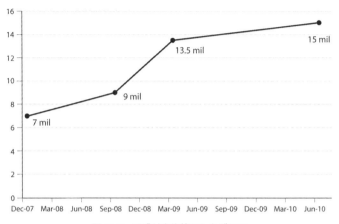

図11.2　目盛りを均等にしたグラフ

統計学入門』の中だった。そしてこの文章が間違っていること
は、考えてみればすぐにわかる。1950年に不幸な1人の子ど
もが銃で殺されたとしよう。1951年には2人、1952年には4
人と増え、1960年までに1000人を超える。1970年までに100
万人を超え、1980年までに10億人を超え、1990年までには1
兆人を超える計算だ。

　意外なことに、この表現がほとんどそのまま繰り返されてい
るのがまだ見つかる。たとえば『学校で身を守る法、第2版』
（チェスターおよびタミー・クォールズ著、2011年）に、「1950
年から毎年、銃によって殺されるアメリカの子どもの数は倍増
してきた」と書かれていた。

　どうやらこの例は、元の資料から書き写すときのちょっとしたミスに端を発しているようだ。資料には「1950年から倍増した」と書かれていたか、倍増したのが毎年ではなくて10年ごとだったのかもしれない。

　私がこれまで目にした中で最も奇妙なグラフの1つに数えられるのは、2014年にロイター通信社が発表したものだ。図11.3は、20年間にフロリダ州で起きた銃器による殺人の数を示している。ちょっと見ただけでは、「スタンド・ユア・グランド法（正当防衛法）」が施行されたことで殺人の数が急減したように思えるのだが、実際には上下が逆だ——死者の数は下に向かって増えている。

　上に行くほど人数が多い通常の方法でグラフを描いたなら、法律が施行された時点から殺人の数が増えているように見えるのだが、これが因果関係なのか、単なる相関関係なのかは、はっきりわからない。

11.4　まとめ

　この章では、**目にした情報の発信源について考えること、そしてその発信源が何らかの隠された意図をもっていないかどうかをよく検討してみること**を学んできた。それは、喫煙、糖分、カフェイン、アルコール、マリファナをはじめ、私たちが楽しむことのあるあらゆるものの健康リスクにも当てはまる。とく

フロリダ州の銃による死者数

銃器を用いた殺人の数

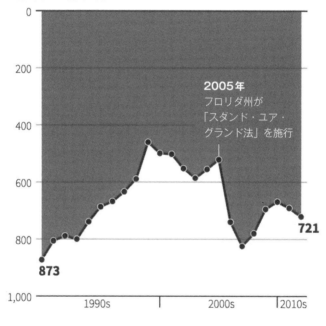

2005年
フロリダ州が
「スタンド・ユア・
グランド法」を施行

873

721

1990s　　　　2000s　2010s

出典：フロリダ州法執行局

C. Chan 16/02/2014　　　　　　　　REUTERS

図11.3　「スタンド・ユア・グランド法（正当防衛法）」と銃による死者数

に米国では銃規制にも当てはまり、気候変動もしかり（これも米国はとくに）。商売でも政治でも、力のある勢力は私たちに影響を与えようとし、効果的にそれを実行するだけの手段と財力をもっている。

　情報の妥当性と正確さを判断しようと思ったら、必ず情報源について考えなければならない。人は自分の目的に役立つデータを強調したいと考える一方、自分の立場を支持しないデータを軽視しようとするのは自然な傾向で、金銭や政治が関係してくると、その傾向はさらに強まるものだ。**「フォロー・ザ・マネー（金の動きを追え、そうすれば真実が見えてくる）」**は、適切なアドバイスになる。立場が極端になるほど、何らかの偏り（バイアス）が加わりやすい――奇跡や魔法と同じく、桁外れの主張には桁外れにすぐれた証拠が必要だ。

Lesson 12
計算が苦手

「数学は苦手なんだ」
（こう話す人は、あまりにも多い）

　これまで私に「数学は苦手なんです」と言った学生から、1
人1ドルずつ受け取っていたなら、仕事をやめて食べていける
ほどの金額にはならないが、家族や何人かの友人にとびきり上
等なレストランで夕食をご馳走するくらいのことはできただろ
う。そう言う人のほとんどは、計算ができないわけではない。
ただ、学校での教え方が悪かった、練習が足りない、そしてや
る気を感じないという理由が組み合わさって、試す前にあきら
めているのだと思う。
　だったら別の方法を試してみればいい。この章では、**誰かほ**

かの人から示された数字を見極める必要があるときに、自分独自の計算をするのに役立つテクニックをいくつか見ていく。そうすれば、必要な場合に、自分独自の数字を手にすることができるだろう。さらに、いちいち計算機に頼らなくても、鉛筆と紙さえなくたって、頭の中でさっと計算できる近道もいくつか紹介していく。

すでに言ったように、これは学校で苦労したような「数学」ではない。必要なのは小学校で習った基礎の算数だけで、しかも計算しやすい近道を利用できるのだから、なおさら簡単だ。いくつか試してみれば、自由に計算できるようになるだろう。

12.1　計算しよう！

「トヨタは 1 台あたり 10 ドルのコスト削減を実現している。昨年のトヨタ・カムリの販売台数は 30 万 2000 台だから、合計で年間 3020 万ドルを削減したことになる」

（ニューヨーク・タイムズ紙、2006 年 1 月 13 日）

おっと！　正しくは 302 万ドルだ。2 や 10 による掛け算や割り算は簡単で、10 の累乗も同じように難しくない。だからこのような間違いはあり得ないし、あれば簡単に見つかるはずだ。

計算の力は、練習すればついてくる。まずは、次のような暗黙のうちの計算が出てきたら、10 の何乗かを確認するような

単純なことからはじめよう。

「1年に200ミリオン（2億）ドルの費用で、3年から4年かか
かる。全部でほぼ1トリリオン（1兆）ドルだ！」
（ビル・オライリー、FOXニュース、2010年）

またやった！　トリリオン（兆）ではなくてビリオン（10
億）なのに。

「シスコの株価は高騰し、ドットコム・バブルのピーク時に
あたる2000年3月には時価総額555ミリオン（米国）ドル
（5億5500万ドル）と、世界で最も価値ある企業となった。
世界初の1兆ドル企業になるだろうと考えた人たちもいたほ
どだ」
（トロント・グローブ・アンド・メール紙、2017年12月24
日）

ここでも！　この場合は、ミリオンではなくビリオンに（5
億5500万ドルではなく5550億ドルに）しなければいけなかっ
た。
　データを見たらパーセントの値も確認しよう。

「ペブルは全従業員の25パーセントをレイオフし──解雇通

　知の対象は 40 人となり──残る 80 人のみに規模を縮小する」
（slashdot. org 、2016 年 3 月）

　またしても！　25 パーセントが 40 人に相当するなら 100 パ
ーセントは 160 人で、ペブルにはまだ 120 人の従業員が残るは
ずだ。どこかに間違いがある。
　そしてときには、はっきり説明できないような計算違いもあ
る。

　「カリフォルニア州では、水道水の値段は 1 ガロンあたり約
　0.1 セントなのに対し、容器入りの飲料水は 1 ガロンあたり
　0.90 セントだ。つまり、容器入り飲料水は水道水の 560 倍の
　値段ということになる」
（BusinessInsider.com 、2011 年）

　おそらく「0.90 セント」は「90 セント」の間違いだと思う。
そうすると、容器入り飲料水は水道水の 900 倍の値段になるが、
「560」という数字がどこからきたのかわからない。
　いずれの場合も、コツは頭を使うこと。書いてある数字を鵜
呑みにするのではなく、ざっと計算してみてほしい。ほんのわ
ずかな時間をかけるだけで、「大丈夫そう」なのか「ちょっと
待って……」なのかがわかるはずだ。

12.2　おおよその計算、おおよその数
──概算と概数

　読者のみなさんはきっと気づいていると思うが、これまで何かの数字が妥当かどうかを判断するにあたっては、**容赦ない四捨五入や切り捨て、切り上げによって数字を 2、5、または 10 の倍数という概数にしてきた**。別の数字を用いる掛け算や割り算を、簡単にするためだ。ほとんどいつもそれでうまくいくのは、何らかの数字が**妥当な範囲にあるかどうかを判断するのが目的で、正確な数字を求めているわけではない**からだ。実際、これまでに取り上げてきた話題の多くでは計算に使われた元の値がまったくわからないので、どっちみち「ちょうど」や「正しい」値などない。

　ある意味、このことは「まことしやかな精度」と表裏一体の関係にあるとも言える。計算に使われた元の数字がおおよその値なら、正確な計算結果には意味がない。同様に、**結果をおおよそでしか得られないなら、入力に用いるデータの精度を高くする必要はない**のだ。

　計算を簡単にする方法の 1 つとして、おおよその数を用い、必要に応じてあとから調整する。たとえばこの本のあちこちで行った計算では、米国の人口として 3 億人から 3 億 3000 万人まで、さまざまな値を用いてきた。どれを用いても最大で 10 パーセントの違いだから、最終結果もこの値の誤差範囲である

10パーセントより大きく外れることはない。さらに、もしも3億人のようなおおよその数で計算が楽になるのなら、まずそれを用い、あとから計算結果を10パーセント増減すればいいだけのことだ。そのほうが最初からずっと3億3000万を使って進めるより、単純な計算ですむ。同じように平均寿命には65歳から80歳までを用いた。ここでも最大で約20パーセントの違いだから、たいていの場合は十分だ。

12.3　1年で？　一生で？

「アメリカがん協会によれば、2003年に米国で前立腺がんと診断される新規患者は22万1000人近い——男性6人に1人の割合だ。推定2万8900人の男性がこの病気で死亡すると予想される」

（http://www.endocare.com/pressroom/pc_treatment.php）

「男性の6人に1人が生涯のうちに前立腺がんにかかる。そして男性35人に1人がこの病気で死亡する」
（アメリカがん協会）

　この2つの文章の違いに気づいただろうか。今年中に前立腺がんと診断される確率と、生涯で前立腺がんにかかる確率だ。1つ目の文章では、1年にかかるリスクと生涯でかかるリスク

を混同するという、ありがちな間違いを犯している。正しくないことはすぐにわかるだろう——米国には1億5000万人の男性がいるのだから、22万1000人は6人に1人とはほど遠い。一方、毎年約200万人の男性が65歳になる。もし65歳の誕生日に6人に1人ががんと診断されるとするなら、その数は33万人で、22万1000人より50パーセント多いが無理な数字とは言えない。

　乳がんのような女性の健康問題についても、同じような例は簡単に見つかる。次の訂正記事は、相対的比率と絶対的比率を混同していた元の記事の例を示したものだ。

　「2010年には女性10万人に対し、黒人女性の死亡率は36、白人女性の死亡率は22で、白人女性1人につき黒人女性1.64人となっている。テネシー州では白人女性1人の乳がん死亡者数に対して14人近い黒人女性が乳がんで死亡するという説は、事実ではない」
（ニューヨーク・タイムズ紙、2013年12月）

　死亡率は多くの場合、人口1000人あたりの1年間の死亡者数か、この例のような10万人あたりで示される。その値は、一定数の人口のうち特定の病気で死亡すると考えられる人数をあらわすものだ。上記の記事では、テネシー州で暮らす黒人女性10万人のうち36人が乳がんで死亡するのに対し、白人女性

10万人では22人が同じ病気で死亡すると言っている。36を22で割ると1.64だから、テネシー州の黒人女性が乳がんで死亡するリスクは、白人女性の場合より1.64倍高いことになる。14倍ではない。この「14」という数字は、割合を計算するのではなく、単純に36から22を引いた結果として出てきたものではないかと思う。

12.4　2の累乗と10の累乗

　テクノロジーに関連する数字の多くに2の累乗が含まれているのは、コンピューターが2進法を用いているからで、2進法では基数が10ではなく2だ。

　私たちの日ごろの生活にはほとんど関係してこないが、ときには2進法の数字も顔を出す。おもしろいことに、**2の累乗の数と10の累乗の数の一部には近い関係がある**ので、いくつかの計算がとても簡単になる。

　2を10乗する場合、$2 \times 2 \times \cdots \cdots \times 2$と2を10回掛けるので、結果は1024になる。1、2、4、8、16、32、……と続けていけば、簡単に確認できるだろう。1024は、10^3にあたる1000に近く、およそ2.5パーセント大きいだけだ。では2^{20}を見てみよう。これは2を20回掛けた値で、1024×1024でも同じことになり、結果は1048576——10^6にあたる100万より5パーセント大きい数だ。

　同じことを2^{30}でやってみても、10^9にあたる10億より約7.5パーセント大きい数になる。こうして2の乗数を10ずつ増やしていくごとに、10の乗数を3ずつ増やした値と適度に近い数になっていることがわかる。相違は少しずつ大きくなっていくのだが、驚くほど大きい値にしてはまずまずの近さで、たとえば2^{100}は10^{30}より27パーセント大きいだけだ。

　『人は原子、世界は物理法則で動く—社会物理学で読み解く人間行動』の著者、マーク・ブキャナンは、次のように書いている。「ごく薄い、たとえば厚さが0.1ミリメートルの紙を用意するとしよう。これを半分に折り、また半分に折りと、繰り返して折っていくと、そのたびに厚さは2倍になっていく。25回折ったあとには、厚さはどれだけになっているだろうか？こう質問されたほとんどすべての人が、結果をひどく過小評価する」

　では、さっそく予想してみよう。2を25回掛けてから、それに0.1ミリメートルを掛ければいいだけだ。ただし2の累乗と10の累乗の関係を利用して2^{25}の計算を簡略化できる。2^{25}は2^5に2^{20}を掛けたもので、2^{20}はおよそ100万にあたる。もちろん正確ではないが、予想するには十分に近い値になるだろう。

　この練習を終えれば、自分が「ほとんどすべての人」より上を行っているかどうかを判断できる。きっとそうだと思うが、とにかく確かめてみよう。

　読者のみなさんが計算を終えるまで、少し待つことにする
……。

　概算の結果は、0.1ミリメートルの3200万倍、つまり320万
ミリメートル、つまり3.2キロメートルだ。2^{25}を正確に計算し
た場合は3355万4432となり、大きな違いはないことがわかる。
いずれにしても0.1ミリメートルという紙の厚さそのものがお
およその数なのだから、この程度の違いはまったく問題ない。
それは私が何度も繰り返している、役に立つ教訓だ——**概算は
友だち！　1つの方向で生じた小さな誤差は別の方向で生じる
別の誤差によって相殺される**だろうから、十分に近い答えを簡
単に手にすることができる。
　上記の例を理解できたので、もう1つ別の例をあげてみる。
コメディアンのスティーブン・ライトが、いつものように表情
ひとつ変えずにこう言うのだ。「私は米国の地図をもっている
んですよ……原寸大の。『縮尺：1マイル＝1マイル』と書い
てありますね。私はそれを折りたたむのに、去年の夏じゅうか
かりました」。単純にするために、地図は4000キロメートル×
4000キロメートルだと考える。ではこの地図を一辺1メート
ルの正方形にするには、半分に折りたたむ作業をいったい何回
続ければいいのだろうか？　紙を何回か折りたたんだら、それ
以上折るのは無理だ、などという現実的な問題は無視してよい
——これは思考実験にすぎないからだ。

　元の地図が厚さ 0.1 ミリメートルの紙でできているとすると、折りたたんだ地図の厚さはどれだけあるだろうか？

　紙の厚さを 0.1 ミリメートルとみなすのは、厚すぎるのか、薄すぎるのか、ほぼ適切なのか？　そしてその理由は？　プリンタの近くに山積みになっているプリンタ用紙を眺めたり、この本のページ数を考えたりして、紙の厚さがだいたいどれくらいあるかを自分で予想してみよう。

12.5　複利計算と 72 の法則

「ベンジャミン・フランクリンは遺言によってフィラデルフィア市とボストン市に英貨 1000 ポンドを遺し、その基金を年利 5 パーセントで貸しつけるようにという条件をつけた。複利計算により、フランクリンはこれらの市に遺した基金が 100 年後には 13 万 1000 ポンドなるだろうと推測していた」
（TIAA/CREF（全米教職員退職年金基金）『パーティシパント』2003 年）

　ベンジャミン・フランクリンは 1790 年に世を去っているから、彼の遺産は 1890 年までにかなりの金額になっていたにちがいないが、各市に 13 万 1000 ポンドはずいぶん多いように思える。正しいのだろうか？

「72 の法則」は複利計算の結果を推定できる法則で、複利と

いうのは、決められた期間ごとに決められた割合で増え、増えた分も次の期間の元本に組み入れていく計算方法だ。72の法則では、一定期間ごとにxパーセントずつ増える複利なら、およそ72/xの期間で倍になる。たとえば、大学の授業料が1年に8パーセントずつ上昇していくなら、今から72/8 = 9年後には2倍になる。だが授業料の上昇がもっとゆっくりで、1年に6パーセントなら、2倍になる期間は72/6 = 12年だ。インフレ率が年に3パーセントなら物価は24年で2倍になるから、お金をタンス預金にしておくと、24年後には今の半分のものしか買えなくなる。

　その逆に、2倍になる期間がわかっていれば、72をその期間の数で割って率を求めることができる。たとえば、新車の価格が過去12年間で2倍になったとすると、1年ごとに72/12 = 6パーセントずつ上昇してきたわけだ。こうした例をいくつか思い起こせば、いつでもこの法則を再現できる。

　話をベンジャミン・フランクリンに戻そう。1年に5パーセント増えるなら、2倍になるまでにかかる期間は72/5で、14年になる。つまり、14年ほどたつごとに、フランクリンの遺産はその前の期間の2倍になるはずだ。100年では、この倍増の期間が7回で、少し余裕があるくらいだから（14の7倍は98）、2^7は128、1000ポンドは12万8000ポンドになるだろう。これにあと2年分が加わるとすれば、13万1000ポンドはどうやら正しいようだ。計算機を用いて正確に計算してみると、

1000 に 1.05^{100} を掛けて、13 万 1501 になる。

お金が複利で増えていく場合、時間に比例するよりも急速に増大する。各期間についた利息が、次の期間の元手に加わるからで、その点がよく理解されないことがある。たとえば以前にナショナル・パブリック・ラジオを聞いていたら、年に 20 パーセントの利息を受け取れば、元手は 5 年で倍になると言っていた。それは毎年受け取る利子を、5 年間ずっとタンスにしまっておく場合だ——それなら複利にはならない。72 の法則に従うと、20 パーセントの利息で全体が倍増する期間は約 3.6 年、正確な期間はもう少し長くなる（3.8 年）。20 パーセントの複利で 5 年預ければ、元手のほぼ 2.5 倍になり、ラジオで言っていたよりも多い。

　複利による変化と単利による変化の違いには、よく注意しよう。たとえば、

　「アルプスの氷河は毎年その総量を 1 パーセントずつ失っており、この割合が加速しないと仮定しても、今世紀末までにはほとんど消滅するだろう」
　（気候変動のウェブサイト、2010 年）

「72 の法則」によって、氷河が毎年 1 パーセントずつ小さくなるなら、72 年のうちに消滅するのは半分だけ、144 年で消滅するのは 4 分の 3 だけということになる。もちろん、自然現象

を単純化しすぎているわけで、引用した主張が正しいのだろう。ただ、誤った計算で結論づけることはできない。

　一方で、長期の複利についても考えてみよう。

「こうして、ドレークが1580年に家にもち帰った1ポンドは、3.5パーセントの複利が積み重なって、今では10万ポンドになった。それが複利の威力だ！」
（ジョン・メイナード・ケインズ『孫たちの経済的可能性』1928年）

　ここでも「72の法則」によって、ケインズの計算が正しいかどうかを判断できる。

　利率が高すぎると「72の法則」による近似は成り立たなくなるが、私たちが日常の暮らしで出合うような種類の利率と期間なら十分に活用できる。また、この法則では期間全体を通して複利が均一だと仮定している。均一であると想定すると便利なことが多く、少なくとも妥当な答えを見つけだすには十分に役立つ。

12.6　「指数関数的」に増え続ける！

「インターネットの利用者数は、過去11年間に平均で毎年2倍ずつ増加しており、これからも10年以上にわたって指数

関数的な増加が続くと予想される」

（環境関連のウェブサイト、2001 年）

　この文章が書かれたのは 2001 年で、当時のインターネット利用者は 1 億人ほどだっただろう。その数が毎年倍増していけば、2011 年のインターネット利用者は 1000 億人という計算だ。地球上の全人口を 10 倍以上も上回ってしまい、あり得ない。

　2001 年の利用者が「1 億人」という私の推定が多すぎて、実際には「1000 万人」だったとしても、1 年ごとに倍になっていくと 10 年後の利用者は 100 億人で、まだ地球で暮らす人の数を超えてしまっている。インターネット利用者の増加は指数関数的かもしれないが、2 倍になるまでに要する期間は「毎年」よりも長かったにちがいない。

　ここには役立つ教訓が 2 つある。1 つは用語の問題で、**「指数関数的」という言葉が「急増する」の意味になり、詳しい量に関する意味は消え失せている**。

　「電池のエネルギー容量は毎年 5 パーセントから 8 パーセントずつ増大しているが、需要は指数関数的に増加している」

　（電池に関する新聞記事、2006 年）

「指数関数的な」増加は、複利式の、単純明快な増え方だ。容量が年間 8 パーセントの割合で増えるなら、それは指数関数的

な増大で、容量は約9年間で2倍になる。割合が5パーセント
だとすると、2倍になる期間は14年に近くなるだろうが、そ
れでも増え方は指数関数的だ。

　さらにもう1つの教訓として、**実際の指数関数的な増加は、
永遠には続かない**。何かを使い果たしてしまうからだ。

> 「過去30年間、私たちは全国で麻薬反対の取り組みに力を尽
> くしてきた。麻薬撲滅キャンペーンの予算は、ニクソン政権
> 時にはじまってから毎年倍増している」
> （2005年ごろのウェブサイト）

　ニクソン政権が終わりを告げたのは1974年だから、この記
事が投稿された2005年までの30年間、毎年2倍になってきた
としよう。2^{30} は、およそ10億であることを思い出してほしい。
ニクソン時代に生まれた当初の予算がわずか1000ドルだった
としても、現在では1兆ドルを超える金額を扱っていることに
なる。

　麻薬撲滅にかかる実費の推定は、もちろんさまざまに異なる
が、麻薬と戦うには1年におよそ300億ドル必要だというのが
意見の一致するところだ。おそらく執筆者は、毎年ではなく
「10年ごと」と言いたかったのだろう。それなら30年で8倍で、
少ないように思えるが、たしかに可能な金額になる。

「スイスの100歳以上の人口は、1960年代から、毎年倍増してきた」

（イラン・デイリー紙、2015年）

　1965年にスイスの100歳以上の人物がたった1人いただけでも、2015年には2^{50}人になっているはずで、この小さな国には大きすぎる数字だ。この記事は次のように続く。「1941年には100歳を超えていた人の合計は17人だったが、2001年には796人になっていた」。つまり60年間で47倍だ。もしも記事の「毎年」が「10年ごと」であれば、2倍になる期間が6回、つまり64倍だから、範囲内と言えるだろう。

12.7　パーセントとパーセント・ポイント

「78億ドルの予算から1000万ドルを節約できるという。それは1パーセントの1000分の1をわずかに超える金額にすぎない」

（ニューアーク・スターレジャー紙、2015年1月7日）

　パーセントの値を用いる際には、間違いが起きやすい。100という因数を扱うからで、使い方を誤ると100倍の差が生まれてしまう。この例では計算を簡単にするために、78を100に四捨五入して考えてみよう。つまり、予算を100億ドルとする。

その1パーセントは（文字通り）100分の1で、1億ドルだ。
その1000分の1は10万ドルで、1000万ドルではない。どうや
らこの記事を書いた人は、「1パーセントの10分の1」と言い
たかったらしい。

このように**100という因数を使うと桁を間違えやすいが、
ちょっと確かめてみるだけで、そのような間違いを見つけられ
る**ことがある。たとえば、

> 「最近の版に出ている約4500のレシピのうち、彼は18を選
> んだ。その本の内容の0.004パーセントにすぎない」
> （ニューヨーカー誌、2018年3月21日）

まず簡単に計算してみよう。4500の1パーセントは45だか
ら、18は1パーセントの半分よりちょっと少ない数で、0.4パ
ーセントほどになるにちがいない。この記事の数値は0.004だ
から、100倍単位で間違えている。

**1パーセント・ポイントは2つのパーセント値のあいだで差
が1ある**ことを示し、たとえば5パーセントと6パーセントの
違いが、1パーセント・ポイントの差になる。パーセント・ポ
イントも、摂氏1度（特定の気温）と摂氏の1度（2つの気温
の差）の違いと同じように混乱を招きやすい。ロサンゼルス・
タイムズ紙の2010年12月の記事に、オバマ大統領の減税政策
によって社会保障給与税が2パーセント減るだろうと書かれて

いた。だがこの記事はのちに、「減少は２パーセント・ポイント
で、源泉徴収税が6.2パーセントから4.2パーセントに下が
る」と訂正され、源泉徴収税はおよそ３分の１、33パーセント
も減少した。

　また2006年９月のニューヨーク・タイムズ紙の記事は、州
の売上税が４パーセントから６パーセントに上がったので、２
パーセントの上昇だと書いた。だがこの場合、実際には２パー
セントではなく２パーセント・ポイントの上昇で、売上税は
50パーセント増えている。**パーセント・ポイントはややこし
いので、ほかの人が使っているときには十分に注意し、自分で
は使うのを避けるほうがいい。**

　割合とパーセント値のあいだの換算も混乱を招くことがある。

　「株式市場は、引退後に収入を生む方法としての人気を失い
　つつある。現時点で働いている人のうち、株と株式投資信託
　が退職後に十分な収入をもたらすだろうと考えているのはわ
　ずか５人に１人で、2007年の24パーセントから減少した」
　（投資アドバイスのウェブサイト）

「５人に１人」なら20パーセントで、24パーセントから少し
だけ下がってはいるが、「人気を失う」ほどの下落とは言えな
い。ここは書き方を変え、以前は働く人の24パーセントが退
職基金を株式に投資することを好んでいたが、今では20パー

セントになっている、とするほうが明確だろう。

12.8　増えた分だけそっくり減る、でも違いが生じる

「ハーバード大学の寄付管理組織は、前の責任者のもとで33
パーセント増員されたが、新しい責任者は25パーセント削
減する予定だ」
（ニューヨーク・タイムズ紙、2009年2月7日）

それならば結果として、ハーバード大学の寄付管理組織（お
そらくハーバード大学の数十億ドルにのぼる寄付金を管理して
いる組織）は、正味で8パーセント大きくなった。えっ？　ち
がう？

これは、パーセントの値が上がったり下がったりするときの
話でよく起こる問題の、格好の例になる。**増えた分だけ減る場
合、減るときのパーセント値には違いが生じる**のだ。

確かめるために、具体的な数字を用いてやってみよう。手は
じめに数字を使うのは、ほとんどの場合に有効な方法だ。寄付
管理組織には最初、75人の職員がいたと仮定する——この数
字は計算を簡単にするために選んでいる。さて、75人を33パ
ーセント増員すると、25人が加わって合計100人になった。
やがて新しい責任者がやってきて、100人のうちの25パーセ

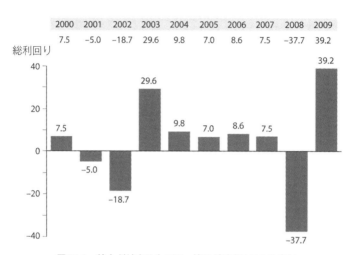

図12.1　値上がりするものは、値下がりすることも多い

ント——25人——をクビにするので、ハーバード大学の寄付
管理組織はすっかり元の規模に戻ったことになる。

　こうして**なんだか直感に反するような結果になるのは、2番
目のパーセント値が新しい値をもとにしているから**だ。最初の
値に対する割合ではなくなる。別の分野で例を探してみると、
たとえばある銘柄の株価が50パーセント下落した場合（ない
話ではない）、元の株価に戻るためには100パーセントの上昇
が必要になる。投資家はこの残念な事実を、必ずしもよく理解
しているとは限らない。

　次に、図12.1に示した投資収益のグラフを考えてみよう。

これは何年か前にある投資信託が発表したものだ。それぞれの棒は、各年の前年に対する増減のパーセント値を示している。

2000年のはじめに1000ドルを元手として投資をはじめたものと考えてみる。すると1年目の末には投資金が1075ドルになり、2年目の末には1021ドル（1075の95パーセント）だ。

こうして毎年の計算をしていくと、2007年末の投資金は1476ドルで、なかなかの増え方になっている。

残念ながら2008年は、どの投資家にとっても散々な1年になり、37.7パーセントの損失が生じて私たちのポートフォリオは919ドルに目減りした。なんと、9年前に投じた元手より減っている！

2009年に39.2パーセントも回復したが、投資は1280ドルどまりで、2005年末とほぼ同じ水準だ（これまでの金額はすべてインフレの影響を無視している）。あるパーセント値で下落した金額は、同じパーセント値だけ上昇しても元には戻らない。**パーセント値を用いる計算では、「掛けられる数」に注意する必要がある。**

「2008年の国勢調査によると、学士号所有者の所得中央値は4万7853ドルで、高校卒業者の所得中央値2万7488ドルより43パーセント多い」
（エクセルシオ大学の広告、2010年）

　4万7853ドルは2万7488ドルの1.74倍だから、学士号所有者の所得は高校卒業者の所得より74パーセント多い。43パーセントではない。一方、4万7853に対する2万7488の割合は0.574だから、高校卒業者は学士号所有者の57パーセントしか所得を得ていない。広告に書かれていた「43パーセント」は、おそらく100から57を差し引いた値だろう。

　正しい結論を導くと、高校卒業資格しかもっていない人の所得は、学士号をもっている人の所得より43パーセント少ない、となる。

12.9　まとめ

　日々の暮らしのなかで数字にだまされないよう身を守るために必要な計算のほとんどは、せいぜい掛け算と割り算くらいだ。練習すれば、すぐにうまく計算できるようになる。たとえば、レストランでチップを計算する場合はどうだろうか？　かりに請求金額が50ドルだとしよう。スマホのアプリは使わない。その代わりに、小数点を1桁ずらして10パーセントを計算する。結果は5ドル。チップを20パーセントにしたいなら、それを2倍にすれば10ドルだ。15パーセントがよければ、5ドルにその半分を加えて7.50ドルにする。18パーセントがよければ、20パーセントのチップを10パーセント減らせば9ドル。あとは適当に切り上げたり、端数を切り捨てたりすればいい。

概算は友だち！　計算が簡単になるよう、値を近くて切りのいい数字に切り上げたり切り捨てたりしてかまわない。概算を何回か繰り返すことで、正しい答えに近づくことが多い。いつもとは限らないとはいえ、1つの概算の結果が大きすぎたとしても、次の小さすぎる概算によって相殺され、うまくバランスがとれる。

用心深くしようと思えばいつでもでき、切り上げて推定値が十分に大きくなるよう、または切り下げて推定値が十分に小さくなるようにできる。たとえば、以前にアメリカ人の寿命を75歳と見積もった。もしこの年齢が低すぎるなら、1年間の死者数を計算した結果は多すぎることになる（たとえば80で割るべきところを、75で割ってしまうからだ）。米国の実際の平均寿命はおよそ79歳なので、死者数、65歳になる人の数などの推定値は、5パーセント（79/75）ほど多すぎたことになる。

計算に役立つ大まかな法則がいくつかあり、中でも有名なのは複利計算の「72の法則」だ。

パーセントの値には気をつけよう。数字がパーセントの値なのか割合なのかによく注意しないと、簡単に100倍の差が生まれてしまう。またパーセントの計算では、「掛けられる数」に注意しなければならない。

Lesson 13
推定する力を身につける

「アメリカ人は1年間に500億本の、水が入っていたペットボトルを捨てている。それだけのプラスチックを生み出すために200億バレルの石油が使われ、2500万米トンの温室効果ガスが大気中に放出される」
（環境関連サイトのブログ投稿記事、2015年9月）

　ここまで、ほかの人たちが示した数字を見極めるためにかなりの時間を費やし、その結果としてたびたび大きな間違いも見つけてきた（もちろん、ここまでに登場した数字には標本バイアスがかかっている——この本の趣旨を考えれば、正しい数字が用いられている例の大半は対象から外れるし、得るところもないからだ）。

だが、独自の数字を求めた際には、一般常識や自分たちの経験に基づいて計算をしたのでそれほど時間はかからなかった。そこで同じ計算方法をおさらいすることにし、手はじめに、米国で1年間に使われる水のペットボトルの数を独自に推定してみよう。最初に自分の力で推定する習慣をつければ、よい練習になるうえ、上記のような、誰かほかの人が示した数字を見極める際にも役立つことが多い。

ここからは自分が身の回りで知っていることを用いて、独自に推定を進めていく。

13.1 　まずは自分なりに推定をする

この状況では下から上へと積み重ねる方法、つまりまず小さい部分に注目し、それから全体に目を向ける方法が適しているように思える。自分自身が普段の生活で、水のペットボトルを1週間に何本使うかを考えてみよう。私の場合は、水を持ち歩かなければならない状況に置かれることはほとんどなく、地元の水道施設はとても充実しているし、私の研究室の前の廊下にはフィルターつきの給水器もあるから、あまり使っていない。数えてみたことはないが、私が使うのは年間の平均で1週間に1本ほどだと思う。

自分が使う数を考え、周囲の人たちとも比較してみてほしい。経験に照らして、一般的な数はどれくらいだろうか？　妥当な

範囲は1日1本と1週間に1本のあいだで、桁外れに飲む人も多いかもしれない。1週間に1本だとすると、1人あたり1年に50本になるから、全国では1年に約150億本だ。1日に1本なら1年に1000億本になる。

　つまり、妥当な範囲の推定では150億本から1000億本のあいだということだ。次にこれらの値を単に算術平均（相加平均）してもよく、およそ600億本になるが、現実的には「幾何平均（相乗平均)」を用いるほうが適切なことが多い。相乗平均は積の平方根で求められ、この場合は150億×1000億の平方根で、およそ400億となる。相乗平均のほうが適しているのは、相加平均では極端に大きい値の影響を強く受けるからだ。たとえば1000と100万の平均を考えてみると、相加平均ではおよそ50万になるが、相乗平均では3万になる。そのため、両端の値がはっきりしていない場合は相乗平均を用いるほうがよい。

　こうして大まかな推定がすむと「500億」は妥当に思われ、とりわけ「捨てる」が「捨てられているのかリサイクルされているのか」はっきりしないことを考えれば、適切な範囲内だろう。さらに、アメリカ人は1年に90億ガロンのボトル入りの水を飲むという記事とも一致する。1ガロンは約5本から10本分のペットボトルに相当するからだ。

　では、これだけのペットボトルを作るのに「200億（20ビリオン）バレルの石油」が必要だという部分はどうだろうか？

200億バレルの石油で500億個のペットボトルができるなら、4/10バレルで1個できることになる。Lesson 2で見たように、石油の1バレルは42ガロンだから、ペットボトルを1個作るのに、17ガロン近い石油が必要なのだろうか！　この数字にペットボトル入りの水を生産して輸送するコストがすべて含まれているとしても、多すぎるにちがいない。また、おなじみのミリオンとビリオンの勘違いなのか？

　そこで2000万（20ミリオン）バレルだと仮定して計算をしてみると（詳しくは説明しないが）、約2オンスの重さの石油から約1オンスの重さのペットボトル1本を作れることになる。私には製造工程に関する詳しい知識はないので、これが正しいかどうかを自分では判断できないが、さまざまなウェブサイトに見つかったデータと一致している。

　あるいはLesson 1にあった例を思い出してみると、米国が自動車に消費するガソリンの量は年間25億から30億バレルだった。私たちが国じゅうのすべての自動車を動かすのに必要な量の6倍か7倍もの石油を使ってペットボトルを作っているという考えは、妥当だろうか？

　次に、ペットボトルの製造によって「2500万米トン」の温室効果ガスが大気中に放出されるという記述について考えてみよう。計算すると、1個のペットボトルを作るのに1ポンドの温室効果ガスが出ることになる。正直なところ私はよく知らない——それでも、多すぎるように思える。よく起きる単位の間

違いで、米トンが実際にはポンドだとすると、今度は少なすぎてしまう。これを解決するには、もっと多くの情報が必要だ。

13.2　練習、練習、また練習

　うまく推定できるようになる一番の方法は、何と言っても練習だ。日常の暮らしの中に多種多様な機会が無限に見つかるから、そのうちの２つか３つを定期的に計算していれば、あっという間に推定が得意になるだろう。それは、少し「オタク」めいた楽しみでもある。

　私の好きな例を教えよう。図13.1の写真は、プリンストン大学の建物の前に置かれている大砲だ。来歴によると、これは1777年の（アメリカ独立戦争時の）プリンストンの戦いのあとにジョージ・ワシントンによって残され、1812年の米英戦争中にはニューブランズウィックの北方15マイルの場所に移されたが、1838年に再びプリンストンに帰還した。ほとんどの学生が１週間に数回はその近くを通り、１日に何度も通ることさえある。

　学生たちは毎日のようにこれを目にしているのに、よくわかっていない。私は自分の講義でこれまで何年にもわたり、この大砲の重さを推定するという課題を与えてきた。読者のみなさんは実物を見たことがないと思うので、いくつかの事実をお伝えしておく。長さはおよそ10フィート、太いほうの端の直径

図13.1　ニュージャージー州プリンストンのキャノンクラブの前にある大砲

が24インチ、砲口の直径が15インチ。おそらく6インチの砲弾を発射する。

　では、この大砲の重さは？　続きを読む前に、少し時間をかけて各自で推定し、何とか重さを割りだしてみてほしい。

　私は長年にわたって学生にこの質問をしてきたので、幅広い回答が集まった。これまでで最大の推定は30万ポンド（‼）、最小の推定は50ポンドだ（‼‼）。妥当な重さはどれくらいだろうか？

　私自身はこんなふうに推定している。まず、大砲の長さは10フィートで、断面は中空の部分を無視すれば平均して1フィート×1フィートだから、体積はおよそ10立法フィートだろう。1700年代に作られたのだから、材料は鋳鉄だ。学生時代には有益な工学的事実をいろいろ教わったが、鉄の密度（単位体積あたりの重さ）は1立法フィートあたり約450ポンドだと今でも記憶している。そこで、大砲の重さはおよそ4500ポンドだとみなすことができる。

　メートル法を使いたい場合、この大砲の長さはおよそ3メートル、断面は1/3メートル×1/3メートルで、体積はおよそ1/3立法メートルと考えればよい。鋳鉄の密度は1立方メートルあたり約7500キログラムだから、この大砲の重さは約2500キログラム（約5500ポンド）だ。2つの推定は約20パーセントの範囲内に収まっており、私はとても大ざっぱな大きさを使ったが、十分に近い。

　大砲が何でできているかがまったくわからない場合、ましてや密度などわからない場合には、どうすればいいのだろう。さて、**大砲は水より重いことは確実**だ。さもなければ水に浮いてしまう。おそらくずっと重い。さもなければ何人もの兵士や何頭もの馬を動員しなくても動かせるだろう。水の密度は1立法フィートあたり60ポンド強だ——これは覚えておくと役に立つ数字だ。そこで、鋳鉄の密度が水の5倍だとするなら、大砲の重さはおよそ3000ポンドということになる。

　上記の極端な回答を出した学生は、おそらく提出を迫られ、実際には何も考えずに適当な数字を書いたのだろう。論理的にさかのぼって考えてみれば、大砲の重さがたったの50ポンドなら、独立戦争当時のごくふつうの兵士が、少なくとも少しのあいだなら片手で抱えることができたはずだ。

　みなさんは**「集団の知恵」**という言葉を聞いたことがあるにちがいない。ある集団の人々が何かをそれぞれに推定した場合、推定値の平均は非常に正確なものになるという考えだ。

　私はそれを大砲の重さで実感した。いくつかの外れ値は途方もなく外れていたものの、中央値はおよそ2000ポンドで（軽すぎるが、極端に軽いわけではない）、平均値は5000ポンドに近かった（より正確だが、重すぎる外れ値に影響されている部分もある）。図13.2は、私が教えたあるクラスの学生たちによる推定値を、重さの小さいものから大きいものへの順に並べたものだ。中央値は2000ポンド、平均値は4240ポンドになっている。

　ほんとうのところ、私は実際の重さを知らない。史学部の友人に尋ねてみたこともあるが、彼も重さはわからず、私にこう言った。「歴史学者は測定なんかしないよ、物語を生み出すんだ」。だが物語の修辞的効果を考えれば、歴史学者にとって数字のデータがどれだけ大切かを、彼は見くびっているように思う。軍事の歴史に興味をもっている友人が詳しく調べたところ、彼と私がこれまでにわかっているかぎりでは、この大砲はイギ

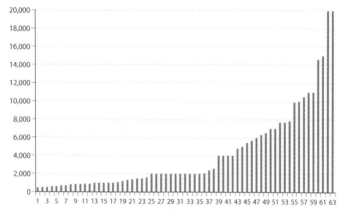

図13.2　大砲の重さの推定値（単位：ポンド）

リス製の24ポンド砲で、重さは約5000ポンドあるようだ。

13.3　フェルミ問題を考える

「シカゴには何人のピアノ調律師がいるか？」
（エンリコ・フェルミが出した問題）

　エンリコ・フェルミはイタリア生まれの物理学者で、ファシ
ズムを逃れて1938年に米国に移住した。1938年にノーベル物
理学賞を受賞し、1942年にはシカゴ大学に世界初の原子炉を
完成させている。さらにマンハッタン計画の重要なメンバーと

なり、この計画から1945年に世界初の原子爆弾が生み出された。

　フェルミは数多くの才能をもっていたが、その1つに、**十分な情報がない状況で量を的確に推定する力**がある。現在では、そのような推定の問題を「フェルミ問題」と呼び、シカゴのピアノ調律師の数を推定する問題が典型的な例とされている。「封筒裏の問題」とも呼ばれているのは、鉛筆1本と小さい紙きれがあれば解決できるからだ。

　フェルミ問題は、桁数を正しく保ったまま筋の通った仮定と理にかなった概算をする方法を学生に教えるために、物理学や工学の授業でよく使われている。そのような問題の大半は、私たちが日常生活で直面する問題よりも専門的なものだが、考え方と取り組む手順は変わらない。大きな違いと言えるのは、私たちが答えを求める際には、知らないことについて知識に基づいた推測をあまり必要としない点だ。

　ここでは、これまでに私が長年にわたって講義で使ってきた例を、またほかの人が使っていた例からもいくつかを選んで、あげてみたいと思う。学生たちの話では、このような質問は就職の面接で出されることがあり、とくに金融関係やコンサルティング関係といった準技術職の場合に多いので、練習が役に立ったそうだ。それぞれの例を読み、自分なりの推定値を考えてみよう。そのあとに私の考えを示すので、比べてみることができる。

・一定の広さの場所、たとえばアメリカンフットボールやサッカーのフィールドに、互いに適切な距離をあけて何人の人が立てるか？　この練習をしておくと、何かの野外大会や抗議集会など、大勢の人が集まるイベントで参加者の数を把握するのに役立つだろう。主催者側の発表は当てにならないことがある（2017年1月の大統領就任式に集まった群衆についてドナルド・トランプ陣営が推定した人数は、もっと冷静な情報源が発表した人数の2倍から3倍だった）。

・私が毎年秋に、庭の芝生でかき集めなければならない落ち葉は何枚か？　自分ではいつも何十億枚もあるように感じているが、掃除をしながら頭の中で枚数を推定して、退屈な作業の気をまぎらわしている。庭には6本のナラとカエデの大木がある。

・図13.3に示すような標準的なノート型パソコンのハードディスクにデータを保存するとして、自分が今いる部屋全体には何ペタバイトのデータが入るか？　コードや電源などは無視する。私はこの質問を、技術系以外の学生に基本的な計算を教えるコースで用いている。

・自分の体の表面積は？

図13.3　ノート型パソコンに数ギガバイトを保存

・1台の現金輸送車には現金をどれだけ積めるか？　この質問は、オーリン工科大学のサンジョイ・マハジャンによる推定の本から借用した。

・1台のスクールバスにはゴルフボールを何個積めるか？グーグルの面接試験で聞かれたという噂があるものの、私がこれまで尋ねてみたグーグル社員は全員が、少なくとも技術職は、そんなことはないと言っている。

・グーグルは米国全土にわたるストリートビューの映像を撮影するために、車を何マイル走らせたか？　どれだけのガソリンを消費したか？　どれだけの時間がかかったか？　どれだけのデータを保存したか？　どれだけの費用がかかったか？

13.4　私の推定

すべての質問に自分で答えを出せただろうか？　よい練習になったはずだ。では、答えが妥当かどうかを確かめてみることにしよう。もし大幅に異なっているなら何かがおかしいはずで、その理由を把握する必要がある。読み進みながら、計算がどれだけ気軽なものかに注目し、もっと細かく計算したら違いがあるかどうかを考えてみてほしい。

・何人の人が立てる？　それぞれの人が1ヤードまたは1メートル離れて立つとすると、1人が1平方ヤードまたは1平方メートルの場所をとる。アメリカンフットボールのフィールドは縦100ヤード、横50ヤードだから、全部で5000人の人が中に立てる。人と人とのあいだをもっと狭くすれば、数は増える。Lesson 6の話から、どう変わるかを簡単に計算できるはずだ。

図13.4　葉は全部で10億枚？

・落ち葉の数は何枚？　1本の木を、縦横高さそれぞれ40
フィートの大きな箱とみなし、上面と側面すべてが葉で覆わ
れているものと仮定しよう（葉は日光を必要とするから、内
側にはなく、外側にあると考える）。表面積は40フィート×
40フィートの5倍（4つの側面と上面）で、8000平方フィー
トだ。1枚の葉の大きさが4インチ×4インチだとすれば、
10枚で1平方フィートがいっぱいになり、1本の木には全部
でおよそ10万枚の葉がある。木は6本だから、私が掃除し

ている落ち葉の数はおそらく 100 万枚を大きく下回っている
わけだが、自分ではもっとずっとたくさんあるように感じて
いる。

・1部屋で何ペタバイト？　私がいる部屋は、縦と横の長さ
が約 15 フィート、高さが約 8 フィートなので、2000 立法フ
ィートだと想定しよう。1個のハードディスクの縦と横の大
きさは 3 インチ×4 インチで、10 個あれば 1 平方フィートが
いっぱいになる。その高さが 1/4 インチとすれば 50 個で高
さが 1 フィートになり、全部で 500 個あれば 1 立法フィート
が埋まる。部屋の大きさは 2000 立法フィートだから、500
の 2000 倍で、合計 100 万（10^6）個のディスクが部屋にはい
る。ノート型パソコンのハードディスク 1 個に 1 テラ（10^{12}）
バイトのデータを記憶できるなら、部屋全体には 10^{18} バイト、
つまり 1000 ペタバイト（1 エクサバイト）のデータが入る
わけだ。ディスクの容量が小さければ結果も小さくなり、た
とえば 500 ギガバイトのディスクなら部屋全体に入るデータ
も半分の 1/2 エクサバイトになる。

・体の表面積は？　この推定の目的を果たすために、私は一
方から見た自分の体の形を、高さ 2 メートル、幅 1/4 メート
ルの長方形だと考えてみる。上面と底面は無視し、周囲に 4
つの側面があって、それぞれの面積が 1/2 平方メートルだか

ら、私の体の表面積は合計で2平方メートルになる。いかに
も大きすぎると感じるかもしれないが、この計算はたしかに
説明したとおりに進めたもので、しかもグーグルで体表面積
（body surface area）を検索してみると、すぐに見つかる
medicinenet.comというサイトに「成人男性の平均体表面
積：1.9平方メートル、成人女性の平均体表面積：1.6平方メ
ートル」とある。体の形をさまざまに変えてみて、推定の細
部や正確さがどのように変化するかを確かめることができる。

・金額は？　これはペタバイトの質問によく似ている。紙幣
50枚の札束は、厚さが約1/4インチで、約12個並べると1
平方フィートがいっぱいになるから、1インチの厚さに並べ
た場合は紙幣が2000枚になり、1立法フィートでは2万枚に
なる。現金輸送車の荷台が5フィート×5フィート×10フ
ィートの大きさであれば、500万枚の紙幣を積める。紙幣が
20ドル札なら金額は1億ドルだ。もちろんこの分析では重
さを無視している。これだけ大量の現金は重すぎて1台の輸
送車には積めないし、逃走用の車となれば詰める量はもっと
少ないだろう。マハジャンの推定もこれくらいの金額で、さ
らに有用な確認データとして、たとえば典型的な現金輸送車
強盗は100万ドルから300万ドルを盗んでいる、などのデー
タをあげている。

・ゴルフボールの数は？　アメリカのスクールバスは、大まかに見て長さが30フィート、内側の幅と高さはそれぞれ6フィートなので、1000立法フィートとみなすことができる。ゴルフボールは一辺が約1インチの立方体だから（これも大まかだが、何といっても概算なのだから、これでいい）、1立法フィートにおよそ2000個入れられる。だからバス全体では200万個だ。スクールバスに実際に乗った経験が私たちよりずっと身近な子どもたちにこの質問をすると、とてもおもしろい。子どもたちは、「座席は取り外してあるの？」などと脇道にそれて時間をかけるが、いったん納得すると、とてもうまく推定する。

・グーグルが車を走らせた距離は？　米国の大きさは、大ざっぱに見て、東西方向に3000マイル、南北方向に1500マイルだ。どちらの方向にも1マイルおきに道路があるとすると、東西方向の道路は1500本で、長さは3000マイル、南北方向の道路は3000本で、長さは1500マイルだから、合計すると900万マイルになる。これほど単純なモデルでは、都市部の場合は明らかに道が少なすぎるが、国の中央にあたるかなり広い部分ではそれほど悪くないだろう（グーグルにいる友人と個人的に話したところ、この推定値は大きすぎるが、3倍は超えていないようだ）。読者のみなさんもそれぞれ、ガソリン代、デジタルカメラや電話を使う際の経験などを基準に

して、独自に別の値で計算することができる。

13.5　いくつかの事実を知っておこう

　事実に関する知識を土台にできれば、推定はより確実なものになる。そのため、**さまざまな物理的定数や換算率を頭に入れておくと大いに役立つ**——ものの大きさ、重さ、かかる時間などだ。

　私が日ごろから頭に入れているリストを次に示した。ここにあげられている値のほかにも、世界各地域の人口や面積を覚えたり、たくさんの日付を手当たり次第に記憶したりしている。人によってこうした記憶のリストは異なっているにちがいないが、基本的な重さ、大きさ、換算率は誰にとっても大切だろう。自分でいくつもの推定を重ねるにつれて、手持ちの値が増え、それがさらに的確な推定をするのに役立つようになる。

　・1ガロンの水の重さは8ポンド
　〔1リットルの水の重さは1キログラム〕
　・1立法フィートの水の重さは60ポンド
　〔1立方メートルの水の重さは1トン〕
　・1立法フィートの岩やコンクリートの重さは200ポンド、柔らかい土なら100ポンド、金属なら400ポンド
　〔1立方メートルの岩やコンクリートの重さは3トン、柔ら

かい土なら1.5トン、金属なら6トン〕
・1リットルは米国の1クオートより少しだけ多い
・1キログラムは2.2ポンド
・1米トンは2000ポンド、1トンは1000キログラムまたは2200ポンド
・1メートルは3フィートまたは1ヤードより少し長い
・1センチメートルは1インチの4/10
・1マイルは1.6キロメートル
・MP3の音楽は1分で1メガバイト、オーディオCDは1分で10メガバイト
・電気代は1キロワット時で10〜20セント
〔日本の電気代は1キロワット時でおよそ20〜30円〕
・光の速さは1ナノ秒に1フィート〔30センチメートル〕
・音の速さは1秒に1000フィート〔340メートル〕
・時速60マイルは秒速88フィート
〔時速100キロメートルは秒速28メートル〕
・1日は10万秒、1年は3000万秒
・1年の就業日は250日、労働時間は2000時間

13.6　まとめ

　推定は、思ったより簡単にできる。**計算は大まかでよく、誤差は相殺される傾向があり、自分なりに考えた仮定が正確な必**

要は少しもなく、ただなんとなく理にかなっていればいいだけだからだ。

　1つの推定を終えたら、異なる仮定と計算を用いてもう一度別の方法で推定するか、あるいはオンラインの情報を調べて、最初の推定が正しかったかどうかを確認すればいい。ただし、**まず自分ひとりの力でやってみることが上達するための早道**だ。それが習慣になれば、みるみるうちに磨きがかかり、やりがいのあるゲームだと思えるようになるかもしれない。

　私の友人の1人はスーパーで買い物をするとき、カートに商品を入れるたびにその金額を頭の中で足して、合計金額を常に1ドルか2ドルの誤差範囲で計算しているという。レジで請求された金額がそれと大きく異なっていれば、何かが2回カウントされたか、何かがカウントされていないことがすぐにわかる。この方法で友人はときどき余分な金額を払わずにすんでいるが、そんなことが起きなくても、計算力は確実に鍛えられている——みなさんにおすすめできる習慣だ。さらにこれは、概算がうまくいく方法のよい例とも言える。1つ1つの商品の値段を最も近いドルの単位まで切り上げたり切り下げたりして足していけば、全体として平均化されるから、合計金額の誤差は1ドルか2ドルの範囲を超えずにすむことが多いだろう。

Lesson 14
だまされないために

「数字オンチとは、数字と確率の基本的な考え方をすんなり
と呑み込めないことで、ほかの点では理解力のある、非常に
多くの人々の悩みの種になっている」
（ジョン・アレン・パウロス『数字オンチの諸君！』1988年）

　これまでの13章でさまざまな例を見てきたので、読者のみ
なさんは数字と確率の基本的な考え方を、これまでよりすんな
りと呑み込めるようになったのではないだろうか。この本を締
めくくるにあたって、みなさんがこれから先だまされることな
くしっかり身を守れるよう、いくつかの一般的なアドバイスを
伝えたいと思う。

14.1　疑わしいことに気づく

　警戒信号に注目しよう。それは、示されている数字や計算や結論が信用するに足りず、疑ってかかる必要があることを伝える信号だ。

　私がこの本であげた例を何らかの基準とするなら、ミリオンとビリオン、またはそのほかの3桁ごとの単位を混同している間違いは、世の中に何ミリオンも、いや何ビリオンもあるだろう。桁数の多い数字が大きすぎるか小さすぎると感じたら、ま**ず自分自身に影響を与えるものまで縮小**して考えてみてほしい。大きい数字のうちで自分に割り当てられる部分を推定し、それを自分の暮らしや経験に当てはめてみるのだ。そうすれば妥当かどうかを見極めるのが簡単になることが多い。国債総額や国家予算のうちの自分1人の割り当て分が、手持ちの現金でまかなえるくらいわずかなら、どこかに間違いがある。

　詳しすぎる数字は、もう1つの疑わしい信号だ。日常生活では、多くの値について――収入、売上、原価、予算、変化率、人口など――細かい部分まで知るのはとても難しい、あるいは不可能だ。だからそうした値が、見かけだけ多くの有効桁数で示されているならば、実際には書いている人が信じ込ませようとしているほど詳しくないにちがいない。詳しすぎる数字が生じる原因としては、故意に強い印象を与えようとしている、計算機の表示をそっくりそのまま書き写している、あるいは（少

なくとも米国では）メートル法の数字をヤード・ポンド法の値に機械的に変換している場合〔日本ではヤード・ポンド法の数字をメートル法に変換している場合〕が考えられる。共通の変換係数を把握すれば、なぜそのような詳しい数字になったかが正確にわかるだろう。

　計算違いには気をつけてほしい。計算中の手違いはありふれたもので、計算機やスマホを使っているときには、太い指先でうっかり隣のボタンに触れるだけで計算全体が無意味なものになってしまう。ただし、前もって大まかな桁数を推定して頭に入れておくと、計算結果が正しいかどうかを別の視点で確かめられるので、計算をはじめる前に答えの見当をつけておくようにしよう。少なくとも１桁違いの範囲内では推定できるはずだ。

　もちろん、**単位の間違いと次元の間違いもありがち**だ。１フィートと１マイル、１ガロンと１バレル、１日と１年では、大きな差が出る。これまでの章で、この種の間違いの例を数多く見てきた。ときには論理的にさかのぼることで間違いに気づくことができるだろう──誤って用いた単位が正しい単位と大きく異なっていると、まったく無意味な結果が生まれてしまう。

　次元──１次元か、２次元か、３次元か──の間違いにも、同じアドバイスが当てはまる。平方○○と○○平方を混同しないように注意してほしい。それは最も一般的で起きやすい例だが、含まれる次元に注意を向ければそのほかの間違いにも気づくことができる。面積は２つの長さを掛け合わせたものだから、

単位は平方○○（○○は長さの単位）になり、体積は3つの長さを掛け合わせて、単位は立方○○になる。この種の問題点は、数字を無視して単位が正しいかどうかだけを確認することによって見つかることが多い。

14.2　情報源に注目する

　これまで見てきた数字に関する問題の多くは、不注意や考え違いによる間違いだが、**一部には明らかに誤った方向に導こうとしている、または事実をねじ曲げて伝えることをもくろんでいる例もある。**そのため、常に情報源に注目しておくのが賢明だと言える。どんな下心があるのか？　どんな動機があるのか？　読む人に何を信じさせたいのか？　何を売ろうとしているのか？　メッセージを送るための費用を払っているのは誰か？

　事実をねじ曲げて伝えるには、**不適切な統計を用いたり、Lesson10と11で示したいくつかのグラフのように、見る人を惑わす表現を用いたりする手法がある。**それにはもちろん標本バイアスや生存者バイアスなどの統計的欠陥も含まれる。相関関係を因果関係とみなすことで多くの人が知らないうちに誤った理解をしており、それは意識的に人々を欺くための、あるいは証明されていないことや真実ではないことさえ人に信じさせるための、中心的な手法となっていることは間違いない。

　そこで次のような疑問をもつことが不可欠になる──誰がそう言っているのか？　発信者は何者か？　なぜ関心があるのか？　データの出どころはどこか？　どのようにして結論を導いたのか？

　データを目にしたら、書いた人がどうしてそれを知っているのかを考えてほしい。どのようにして知ることが「できた」のか？　世の中には確実に知ることができないものも多く、中にはまったくわからないものもあるから、**手をつくしても大まかな見積もり程度しかできないことを正確かつ詳細に主張している人がいれば、警戒しなければならない**。

　たとえば気候変動や、さまざまな物質の健康への影響など、複雑で専門的な疑問を素人が評価するのは難しいが、情報源に用心することは必ず助けになる。ラテン語の「クイ・ボーノ？（cui bono?）」（誰の利益になるのか？）は、2000年以上前にキケロが用いたときと同じように現代でもまだ有用な疑問なのだ。

14.3　いくつかの数字、事実、近道を覚えておく

　自分が前もって事実を知っていれば、ほかの人が言う「事実」を確かめるのはとても楽になるだろう。最低限でも、いくつかの人口、速度、大きさ、面積などを知っていれば役に立つ。私はこれまでにいくつもの「知っておくべき数字」のリストを

見てきたし、自分自身が記憶しているリストの項目数も着実に増えている。そのうちの多くを、これまでの章で用いてきた。

　地球上のおよその人口（四捨五入の方法によって70億とも80億とも言える）、また自分が住んでいる国や地域や市、町などの人口を知っておけば役に立つ。ほかの国や都市の人口も覚えて、視野を広くもとう。私自身、さまざまな国や都市の面積を知っておくと便利なことがわかった。

　物理的な定数と換算率も必ず役立つ。米国で暮らしているなら、ヤード・ポンド法とメートル法の単位の換算は不可欠だ。ただし、これまでに見てきたとおり、ただやみくもに換算しては詳しすぎる数字になり、ときにはまったくの誤りが生じることもある。

　概算の方法を身につけておこう。そうすればほかの人が出した結果をすばやく確かめられる。私は以前、「この本では2×2×2はほとんど常に10とする」という文を見かけた。それは計算の単純化を考える場合の早道になり、25パーセントの誤差はそれほど大きな違いをもたらさず、とくに反対方向の同様の誤差があれば相殺されてしまうだろう。同じ趣旨で、ある友人が物理で習ったという単純化した2つの式を教えてくれた——**2は1に等しい、だが10は1に等しくない**。

　計算の秘訣と近道としては、**「リトルの法則」、「72の法則」、そして2の累乗の組み合わせ**を覚えておきたい。

　指数表記にも慣れよう。大きい数を扱うには最適な方法で、

「ミリオン・ミリオン・トリリオン」のようにいくつもの語で対応するよりずっと扱いやすい。テクノロジーの世界では、メガ、ギガ、テラのような接頭語も覚えておくと便利だ。

14.4　自分の常識と経験から考える

結局のところ、**だまされないために最強の力を発揮するのは自分の脳ミソ**だ。常識を備えることで守備力が生まれ、とくに現実世界の事実に関する知識に自分自身の経験と直感とを重ねれば、その力はどんどん強化される。

こんなふうに自問しよう——その数字は大きすぎるか、小さすぎるか、それともだいたい適切か？　筋が通っているか？　それが真実なら、何を意味するのか？

自分独自に推定しよう。どんなに大まかな計算でも、それはほかの人が言っていることを見極める指針になるだろう。そして練習を積むごとに上達し、推定することが楽しくなるにちがいない。

謝辞

　原稿を何度も、文字通り1ページずつ読んで、細かいコメントをくれたジョン・ベントリーには、ほんとうにお世話になった。この本に磨きがかかったのはジョンのおかげだ。

　ポール・カーニハンは格好の例をいくつも教えてくれたうえに、その鋭い目が驚くほどたくさんの誤字を見つけてくれた。もしまだ誤字があるとすれば、すべて私の責任になる。

　ジョッシュ・ブロック、スチュワート・フェルドマン、ジョナサン・フランクル、サンチャン・ハ、ジェラード・ホルツマン、ヴィッキー・カーン、マーク・カーニハン、ハリー・ルイス、スティーブ・ロア、マドレーヌ・プレイニクス＝クロッカー、アーノルド・ロビンス、ジョナ・シノウィッツ、ハワード・トリッキー、ピーター・ワインバーガーからの有用な助言にも、心から感謝の気持ちを伝えたい。プリンストン大学出版局の製作チーム——ローレン・ブッカ、ネイサン・カー、ロレイン・ドネカー、ディミトリ・カレトニコフ、スザンナ・シューメイカー——とは、一緒に仕事ができてとても楽しかった。

　いつものように妻のメグには、原稿への鋭い指摘に、そして長年にわたって私を支え、情熱をもち、的確なアドバイスを与え続けてくれていることに、心から感謝している。

　新聞と雑誌にもお礼を言いたい。中でもニューヨーク・タイムズ紙は、この本に多くの例を提供してくれた。新聞と雑誌はちょくちょくミスをするが、きちんと訂正の記事も掲載する。大量の「フェイクニュース」とまったくのウソが横行する時代にあって、真実と正確さを大切にするニュースソースの存在は、かけがえのないものだ。

　ウェブサイト millionsbillionszillions.com では、この本に掲載しなかった例を示し、今後も新しい例を追加していく予定だ。何かを見つけた読者は情報を送ってほしい。みなさんからのお便りを楽しみにしている。

参考文献

　数的な思考力（または数字オンチ）に関するすぐれた本がいくつかある。私が一番好きなのはダレル・ハフの『統計でウソをつく法』〔高木秀玄訳、講談社ブルーバックス〕だ。出版されたのは 1954 年だが、今でもまだ読む価値がある。このテーマで 1 冊だけ読むとするなら、この本だ。

　デラウェア大学の社会学者ジョエル・ベストは、このテーマに関するすぐれた本を 3 冊書いている。『統計はこうしてウソをつく』（2001 年）〔林大訳、白揚社〕、『統計という名のウソ』（2004 年）〔林大訳、白揚社〕、『あやしい統計フィールドガイド』（2008 年）〔林大訳、白揚社〕。原書のそれぞれのサブタイトル（「メディア、政治家、活動家が示す数字を理解する」、「数字がどのように公共の問題点を混乱させているか」、「疑わしいデータを見抜くためのフィールドガイド」）によって、著者が何を書きたかったかがわかる。私が Lesson 11 に書いた子どもと銃の例は、ベストの最初の本で取り上げられており、それ以降さまざまな場所で説明されてきている。

　チャールズ・サイフェの『Proofiness』（2010 年）はすばらしい。タイトルの proofiness は「truthiness（真実であってほしいこと）」から発想を得たもので、truthiness はアメリカの

風刺に富んだテレビ番組「ザ・コルバート・レポート」による
造語だ。ウィキペディアによれば、「truthinessとは、真実で
あることが知られている概念や事実よりも、真実であることを
願うまたは信じている、好ましい概念や事実のことを言う」。
proofiness（証明されてほしいこと）は、数字に関してそれと
同じことを意味している。

　ジョン・アレン・パウロスの『数字オンチの諸君！』〔野本
陽代訳、草思社、『数で考えるアタマになる！』に改題〕は
1988年に出版され、現在でもまだすぐれた情報源になっている。
「innumeracy（数字オンチ）」という語はパウロスが名づけた
ものではないが（少なくとも1959年にはあった）、この本はこ
の用語を広め、基本的な計算や統計を理解していない人の損害
とリスクとを人々に知らせる役割を果たした。私は同じ著者の
『A Mathematician Reads the Newspaper』（1996年）も好きだ。

　ローレンス・ワインシュタインとジョン・アダムの『フェル
ミ推定力養成ドリル』（2008年）〔山下優子、生田理恵子訳、
草思社文庫〕には、数多くの興味深い推定問題が並び、1つの
問題が1ページに、解答が次のページに配置されている。フェ
ルミ問題が好きなら、この本を楽しめるだろう。第2版となる
『Guesstimation 2.0』が2012年に出版されている。

　オンラインコミック『xkcd』の著者であるランドール・マン
ローによる『ホワット・イフ？――野球のボールを光速で投げ
たらどうなるか』〔吉田三知世訳、ハヤカワ文庫〕はとても楽

しい本で、実に奇妙な質問を賢明に推定する方法について、すばらしい例が載っている（「ロンドンとニューヨークのあいだを車で行き来できる橋を作るには、レゴのブロックが何個必要か？」）。

　この本のウェブサイト millionsbillionszillions.com に、さらに多くの例とアドバイスが掲載されている。

訳者あとがき

　日常の暮らしで私たちの目に飛び込んでくる数字は、「何か
を説得しようとしている」ことが多い。さまざまな数字が、
「特定の方法で行動するように、どこかの政治家を信用するよ
うに、便利な道具を買うように、何かの食べものを手に入れる
ように、あるいは投資をしてはどうか」と呼びかけている。そ
のうえ、その数字が間違っていることも、意図的に誇張されて
いることもあるのだ。何も考えずボンヤリと数字を鵜呑みにす
るのは得策ではないと、著者は言う。

　本書の著者ブライアン・カーニハン（Brian W. Kernighan）
はコンピューターサイエンスを専門とし、AT&Tベル研究所
でプログラミング言語に関する研究開発に携わったのち、現在
はプリンストン大学教授として教鞭をとっている。こうして長
年にわたって数字と真正面から向き合い、深く考え、あらゆる
側面に精通した達人が、とてもわかりやすくやさしい言葉で
“数字”に強くなる方法を教えているのが本書だ。読者は14の
レッスンを読み進めながら、小学校で習った算数と大胆に四捨
五入する概算を用いて、目にした数字が正しいかどうかを見極
める方法を身につけられる。数字は苦手で面倒だと思っている
人も、計算している時間なんかないと思っている人も、こんな

に簡単なやり方でいいのかと目からウロコが落ちる思いをするだろう。ゲーム感覚になれば楽しくもある。コツさえ覚えれば、新聞・雑誌をはじめ、あらゆる場面で目にする数字を何も考えずに見過ごしにすることなく、ちょっとだけ止まって考える、そんな習慣ができるにちがいない。読者のみなさんにその方法を知っていただけるのが、とても楽しみだ。

　翻訳にあたっては、数字の表記に少し工夫が必要になった。ご存知の通り英語圏では3桁ごとに数字の呼び名が変わるのに対し——thousand（10^3、千）、million（10^6、100万）、billion（10^9、10億）、trillion（10^{12}、1兆）——、日本語では4桁ごとに変わる——万（10^4）、億（10^8）、兆（10^{12}）、京（10^{16}）、垓（10^{20}）。本書では内容に応じて、ミリオン、ビリオンというカタカナ表記と100万、10億という数字と漢字を組み合わせた表記を併用する方法をとったが、1ミリオンは100万、1ビリオンは10億、1トリリオンは1兆という対応を頭に入れておけば普段の暮らしにも大いに役立つので、面倒な表記法だと思わずにお読みいただけることを願っている。

　最後になったが、本書を翻訳する貴重な機会をくださった白揚社編集部の阿部明子さん、数多くのアドバイスで訳文に磨きをかけてくださった同編集部の清水朋哉さんに、この場をお借りして心からお礼を申し上げたい。

2021年4月　西田美緒子

図版出典

1.1 Courtesy of Minesweeper, CC by SA 3.0.

2.1 Drawing by Emma Burns.

3.1 Drawing by Emma Burns.

4.1 © Ad Meskens / Wikipedia Commons.

5.1 Photo by Waqas Usman.

6.1 Source: Brian W. Kernighan.

6.2 Source: Brian W. Kernighan.

6.3 Source: Brian W. Kernighan.

6.4 Drawing by Emma Burns.

7.1 Source: Brian W. Kernighan.

7.2 Source: Brian W. Kernighan.

8.1 Image by Meghan kanabay.

8.2 TL, Le Mont-Blanc depuis le village de Cordon, 10/2004. http://artlibre. org/licence/lal/en/.

8.3 Image by Meghan kanabay.

8.4 Source: Brian W. Kernighan.

8.5 Source: Brian W. Kernighan.

8.6 Rhymes With Orange © Hilary B. Price – Distributed by King Features Syndicate, Inc.

8.7 DILBERT © 2008 Scott Adams. Used By permission of ANDREWS MC-MEEL SYNDICATION. All rights reserved.

9.1 Image Credit: Mark Zuckerberg/Facebook.

9.2 Randall Munroe, xkcd. This work is licensed under a Creative Commons Attribution-NonCommercial 2.5 License. Source: http://xkcd.com/522/.

10.1 Source: Brian W. Kernighan.

10.2 Source: Brian W. Kernighan.

10.3 Data from SEC S-1, October 2013.

10.4 Data from SEC S-1, October 2013.

10.5   Data from National Center for Health Statistics.

10.6   Source: Brian W. Kernighan.

10.7   Data from Fox News.

10.8   Source: Princeton University press release, 2016.

10.9   Source: Brian W. Kernighan.

10.10   Source: Brian W. Kernighan.

10.11   Graduate News. Summer 2001 issue.

10.12   Ebirim, C., Amadi, A., Abanobi, O. and Iloh, G. (2014) "The Prevalence of Cigarette Smoking and Knowledge of Its Health Implications among Adolescents in Owerri, South-Eastern Nigeria." Health, 6, 1532-1538. Copyright © 2014 Chikere Ifeanyi Casmir Ebirim, Agwu Nkwa Amadi, Okwuoma Chi Abanobi, Gabriel Uche Pascal Iloh et al. This is an open access article distributed under the Creative Commons Attribution License, which permits understricted use, distribution, and reproduction in any medium, provided the original work is properly cited.

10.13   Source: American Cancer Society, Inc. Surveillance Research – 2012.

11.1   Data from Bureau of Labor Statistics.

11.2   Source: Brian W. Kernighan.

11.3   Source: Reuters/Florida Department of Law Enforcement http://graphics.thomsonreuters.com/14/02/FLORIDA0214.gif.

12.1   Data from American Funds.

13.1   Photo by Dimitri Karetnikov.

13.2   Source: Brian W. Kernighan.

13.3   Source: Brian W. Kernighan.

13.4   Source: photoeverywhere.co.uk, CCA 2.5 license.

ブライアン・カーニハン（Brian W. Kernighan）

プリンストン大学コンピューターサイエンス学部教授。

プリンストン大学にて電気工学の博士号を取得後、ベル研究所に勤務。Unix オペレーティングシステムや、プログラミング言語 AWK および AMPL の開発に携わり、2000 年から現職。全米工学アカデミー、アメリカ芸術科学アカデミー会員。

主な著書に、C 言語の世界的名著『プログラミング言語C』（デニス・リッチーとの共著、共立出版）、『教養としてのコンピューターサイエンス講義』（日経 BP）がある。

西田美緒子（にしだ・みおこ）

翻訳家。津田塾大学英文学科卒業。

主な訳書に『世界一素朴な質問、宇宙一美しい答え』『犬はあなたをこう見ている』（以上、河出書房新社）、『なんでも「はじめて」大全』（東洋経済新報社）、『眠っているとき、脳では凄いことが起きている』（インターシフト）、『サイボーグ化する動物たち』『細菌が世界を支配する』『永久に治ることは可能か』（以上、白揚社）がある。

プリンストン大学 教 授が教える
"数字" に強くなるレッスン 14

2021年6月28日　第1版第1刷発行

著　　　者	ブライアン・カーニハン	
訳　　　者	西田美緒子	
発　行　者	中村幸慈	
発　行　所	株式会社　白揚社　© 2021 in Japan by Hakuyosha	
	〒 101-0062　東京都千代田区神田駿河台 1-7	
	電話 (03)5281-9772　振替　00130-1-25400	
装　　　幀	藤塚尚子（e to kumi）	
印刷・製本	中央精版印刷株式会社	

ISBN 978-4-8269-0227-4